高职高专"十二五"规划教材

实用模拟电子技术
分析与应用

胡宏梅　陈　清　主　编

施纪红　周静红　钱志宏　副主编

化学工业出版社

·北京·

本书有 5 个项目,分别为简单直流稳压电源的制作与测试、彩灯声控控制电路的制作与测试、分立式音频功率放大电路的制作与测试、集成式音频功率放大电路的制作与测试以及简易信号发生器电路的制作与测试,囊括了模拟电子技术中的半导体二极管、半导体三极管、放大电路基础、负反馈放大电路、集成电路及振荡电路的相关知识点。本书以应用为目的,用工程观点删繁就简,突出重点,根据高职学生的知识接受能力和学习习惯,将学习项目由易到难、由简到繁进行剖析,将知识点和技能点逐点增加,将课堂讲授,课内讨论和技能训练有机结合在一起,调动学生学习积极性,提高师生互动性,形成理论和实践相结合的教学模式。同时,每个项目都有一个知识点和技能点的综合应用,帮助学生回顾重点,完成项目。此外,在每个项目后都有相应的练习题,方便学生对该项目知识点的复习。为方便教学,配套电子课件。

本书可作为高职高专电子、电气、自动化、计算机等专业模拟电子技术课程的教材,也可供从事电子技术的工程技术人员参考。

图书在版编目(CIP)数据

实用模拟电子技术分析与应用/胡宏梅,陈清主编. —北京:化学工业出版社,2015.1
高职高专"十二五"规划教材
ISBN 978-7-122-22489-7

Ⅰ.①实… Ⅱ.①胡… ②陈… Ⅲ.①模拟电路-电子技术-高等职业教育-教材 Ⅳ.①TN710

中国版本图书馆 CIP 数据核字(2014)第 287544 号

责任编辑:韩庆利   装帧设计:王晓宇
责任校对:吴 静

出版发行:化学工业出版社(北京市东城区青年湖南街 13 号   邮政编码 100011)
印   装:大厂聚鑫印刷有限责任公司
787mm×1092mm 1/16 印张 10½ 字数 264 千字   2015 年 3 月北京第 1 版第 1 次印刷

购书咨询:010-64518888(传真:010-64519686)   售后服务:010-64518899
网   址:http://www.cip.com.cn
凡购买本书,如有缺损质量问题,本社销售中心负责调换。

定   价:24.00 元   版权所有 违者必究

前言
Foreword

本书依据高职培养目标的要求，以及后续专业课程对模拟电子技术知识点的需求而编写，可作为高职高专电子、电气、自动化、计算机等专业模拟电子技术课程的教材，也可供从事电子技术的工程技术人员参考。

本书以应用为目的，用工程观点删繁就简，突出重点，根据高职学生的知识接受能力和学习习惯，将学习项目由易到难、由简到繁进行剖析，调动学生的学习积极性和主动性，加强理论知识和实践知识的结合，培养学生应用所学知识解决实际问题的能力，通过这些项目的学习可使高职学生具备初步的模拟电路分析与设计能力。

本书分为 5 个项目，包含了电源电路、放大电路、振荡电路等模拟电路中的经典电路。每个项目的开始都是该项目的项目分析，让学生直观上了解本项目在实际生活中的应用，继而给出本项目的电路图，剖析电路图，完成项目的分解，其后对每一部分电路进行知识点和技能点的详细展开，让学生真正体会"做中学，学中做"的乐趣，最后，每个项目的最后一个模块和项目分析相呼应，让学生完成本项目的分析、制作与测试，实现本项目知识点和技能点的综合应用。实现了项目从最基本的分析、测试到复杂的综合应用，循序渐进。

本书将理论教学内容和实践教学内容相结合，每讲解 1 到 2 个知识点，就有 1 个技能训练内容，形成理论与实践训练相结合的教学模式。本书中的技能训练既可采用模拟仿真（如 PROTEUS 或 EWB）方式，也可采用实验板制作方式。

本书由苏州健雄职业技术学院胡宏梅、陈清、施纪红、周静红等共同编写。其中，项目一由施纪红编写，项目二、项目三、项目四由胡宏梅、钱志宏编写，项目五由周静红编写，陈清、浦灵敏、仲小英、贾瑞参与其中部分内容编写。

本书的编写工作得到了苏州健雄职业技术学院电气工程学院领导的大力支持，得到了相关老师的帮助和指导，许多老师对此书提出了宝贵的意见，在此一并表示感谢。

本书配套电子课件，可赠送给用本书作为授课教材的院校和老师，如有需要，可登陆 www.cipedu.com.cn 下载。

基于编者自身水平有限，书中难免存在遗漏之处，希望广大读者不吝指正。

编　者

目录
CONTENTS

项目一 | 简单直流稳压电源的制作与测试

项目分析 简单直流稳压电源的认识

我们的生活离不开各种各样的电子设备，每种电子设备都需要电源，提供电源的电路就是电源电路。每种电子设备配置的电源电路的结构、复杂程度千差万别。某些电源电路本身就是一套复杂的电源系统。这套电源系统能够为复杂的电子设备的各部分提供持续稳定、符合设备使用要求的电源。而另外一些电子设备只需要一个较简单的电池电源电路供电即可。但电池电源电路也在不断更新，目前较新型的电源电路具备了电池能量提醒、掉电保护等高级功能。所以说电源电路是电子设备的重要基础。

就电子技术的特性而言，电子设备对电源电路的要求包括：能够提供持续稳定、满足负载要求的电能（很多时候要求提供稳定的直流电能）。提供稳定直流电能的电源就是直流稳压电源。图 1-0-1 是计算机机房用稳压电源；图 1-0-2 是实验室常用的稳压电源；图 1-0-3 是生活中使用的稳压电源。

图 1-0-1　机房用稳压电源　　图 1-0-2　实验室常用的稳压电源　　图 1-0-3　生活中使用的稳压电源

可见直流稳压电源是各种电子仪器、设备中不可缺少的组成部分，在这一个项目中就来介绍一款简单的小功率半导体直流稳压电源，这种电源由变压器、整流电路、滤波电路和稳压电路四部分组成，其原理框图和各部分输出波形如图 1-0-4 所示。

其各部分功能及作用如下：

（1）电源变压器：根据用电设备的需要变换所需伏值的交流电压。u_1 为电网提供的交流电压（一般为 220V 或 380V）；u_2 为变换后的次级线圈电压，一般较低的电压可以降低对整流、滤波和稳压电路中所用元件的耐压要求。所以 u_2 需要利用变压器将电网电压变换成所需数值的正弦交流电压。

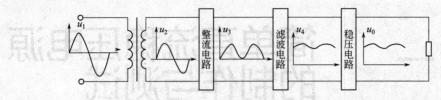

图 1-0-4　直流稳压电源的电路框图

（2）整流电路：将交流电 u_2 转换成直流电 u_3。利用具有单向导电性能的二极管，将变压器输出的正、负交替变化的正弦交流电压 u_2 整流变换成单向脉动的直流电压 u_3。

（3）滤波电路：把整流后脉动较大的直流电 u_3 变换成平滑的直流电 u_4。一般使用电容、电感等储能元件来滤除单向脉动电压 u_3 中的谐波成分。

（4）稳压电路：克服电网电压或负载电流变化时所引起的输出电压 u_4 的变化，保持输出电压 u_o 的稳定。

简单直流稳压电源电路原理如图 1-0-5 所示，现将电路原理图按照电路框图分解成三个相应的单元电路，下面将先介绍二极管，然后分别对这三个单元电路进行讲解：整流电路、滤波电路、稳压电路。

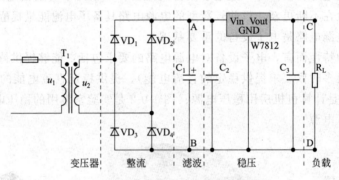

图 1-0-5　简单直流稳压电源电路原理图

模块 1　二极管的识别与检测

二极管是整个稳压电源电路中最关键的器件。在稳压电源电路中常用的二极管有 2 种——整流二极管与稳压二极管，将在模块 1 和模块 4 详细介绍。

任务 1　二极管的认识

知识 1　二极管的识别与选择

1. 二极管的结构

二极管的主要材料是半导体，半导体是指导电性介于导体与绝缘体之间的一种材料。二极管是在一块完整的纯度极高的半导体晶片上，通过特殊的掺杂工艺，使晶片的一半为 P

型半导体，另一半为 N 型半导体，然后在它们的交界面形成了一个具有特殊物理性质的带电薄层，成为 PN 结，见图 1-1-1。将 PN 结用外壳封装起来，并且加上两根电极引线就构成了二极管。从 P 区引出的是正极性引脚，一般用 A 表示；从 N 区引出的是负极性引脚，一般用 K 表示。如图 1-1-2 为二极管的结构与图形符号。

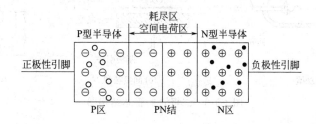

图 1-1-1　二极管的 PN 结结构

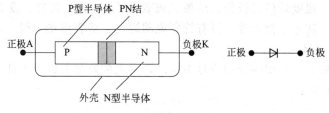

图 1-1-2　二极管的结构与图形符号

注：P 型半导体和 N 型半导体是根据在半导体晶体（硅或锗）中掺杂入少量的杂质（砷或硼）后形成的不同性能而区分的。N 型半导体的多数载流子是电子，P 型半导体的多数载流子是空穴。

2. 二极管的分类

根据形状、大小、材质、构造、功能等，二极管可以分为很多种类。

从外形的不同，可分为玻壳二极管、塑封二极管、金属壳二极管、螺栓状二极管、片状二极管等，见表 1-1-1。

表 1-1-1　二极管的不同外形

玻壳二极管	塑封二极管	金属壳二极管	螺栓状二极管	片状二极管

根据制造材料的不同，可分为锗管和硅管两大类，每一类又可以分为 N 型和 P 型；如 N 型锗二极管、P 型锗二极管、N 型硅二极管、P 型硅二极管。

根据管芯结构的不同，可分为点接触型二极管、面接触型二极管及平面型二极管，如图 1-1-3 所示。

点接触型二极管的特点是：PN 结结面积小、不允许通过较大的电流，但它的结电容小，可以在高频下工作，所以一般适用于小电流整流、高频检波电路和开关电路。面接触型二极管的特点是：PN 结结面积大、允许通过较大的电流，但它的结电容也大，所以适合低频整流电路。平面型二极管的特点是：PN 结结面积可大可小，结面积较大时应用于大功率整流，结面积小时应用于数字电路。

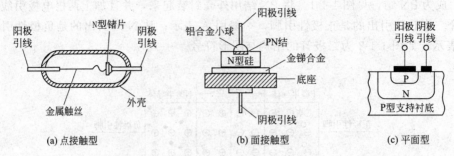

(a) 点接触型　　　　　　　　(b) 面接触型　　　　　　　　(c) 平面型

图 1-1-3　二极管的管芯结构图

根据功能与用途的不同，可分为一般二极管和特殊二极管两大类。一般二极管包括检波二极管、整流二极管、开关二极管、快速二极管等。特殊二极管主要有稳压二极管、敏感二极管（磁敏二极管、温度效应二极管、压敏二极管等）、变容二极管、发光二极管、光电二极管、激光二极管、隧道二极管等。没有特别说明时，二极管即指一般二极管。

3. 常见二极管符号

不同功能的二极管一般用不同的符号来表示，常见的符号有以下 4 种，最经常用到的是前三个，如图 1-1-4 所示。

普通二极管　稳压二极管　发光二极管　光电二极管　变容二极管

图 1-1-4　常见二极管符号

4. 二极管的选择

二极管的类型很多，如何能够选择到合适的二极管呢。主要考虑以下三个方面。

① 根据具体电路的要求选用合适种类的二极管。例如在检波电路中，要选择检波二极管；在整流电路中，要选择整流二极管；在电子调谐电路中，可选择变容二极管和开关二极管；在稳压电路中，选择稳压二极管等等。

② 在合适种类的基础上，选择二极管的系列和型号，使二极管的各项主要技术参数和特性符合电路要求。不同用途的二极管对参数的要求各不相同。例如整流二极管要关注它的最大整流电流参数，整流电路中通过二极管的电流一定不能超过这个数值，并且整流二极管功率的大小、工作频率、工作电压、反向电流都是重点关注参数。稳压管除了要注意稳定电压、最大工作电流等参数外，还要注意选用动态电阻较小的稳压管，因动态电阻越小，稳压管性能越好。开关二极管要关注开关时间（也就是反向恢复时间）这个参数。变容二极管要特别注意零偏压结电容和电容变化范围等参数，并根据不同的频率覆盖范围，选用不同特性的变容二极管。二极管的各项主要参数可以从《晶体管手册》和有关的资料查出，但是使用前最好用万用表及其他仪器复测一次，以确保使选用的二极管参数符合要求并留有一定的余量。

③ 根据电路的要求和电子设备的尺寸，选择二极管的外形、尺寸大小和封装形式。二极管的外形、大小及封装形式多种多样，外形有圆形的、方形的、片状的、小型的、超小型的、大中型的；封装形式有全塑封装、金属外壳封装等。在选择时，可根据性能要求和使用条件（包括整机的尺寸）选用符合条件的二极管。

表 1-1-2 是一些常见二极管的类型与外形,将在介绍具体电路的时候再针对各电路介绍各类型二极管的具体选用方法。

表 1-1-2 二极管的类型与外形

类　型	常见外形
(1)整流二极管 能够将交流电能转变为直流电能的二极管,主要应用于整流电路。由于这种二极管的正向电流较大,所以它多为面接触型,结面积大,结电容大,但工作频率低。封装有金属壳、塑料、玻璃等多种形式,同时二极管的功率越大体积也相对比较大	
(2)检波二极管 能够把叠加在高频载波上的低频信号检出来的二极管	
(3)稳压二极管 利用二极管反向击穿时电压基本不随电流变化来达到稳压的效果,多为硅材料制作的面结合型二极管。该管在反向击穿前的导电特性与普通二极管相似	
(4)发光二极管 加上正向电压后,产生发光现象。根据材料的不同可以发出不同颜色的光,形状有圆形、方形级、组合型等	
(5)光敏二极管 也叫光电二极管,在光线照射下,反向电阻会由大变小,其顶端有能够射入光线的窗口,光线可以通过该窗口照射到管芯上	
(6)变容二极管 该二极管的 PN 结电容随外加偏压的变化而变化。该二极管为反偏压二极管	
(7)开关二极管 可以接通和关断电流的二极管,主要应用在脉冲数字电路中。它的反向恢复时间短,可以满足高频和超高频电路的需要	
(8)快恢复二极管 也叫阻尼二极管、高速开关二极管,引线比较粗。开关特性好,反向恢复时间很短。主要应用于开关电源、脉宽调制器、变频器等	

知识 2　二极管的特性

1. 单向导电性

用实验来说明二极管的最大特点——单向导电性,即电流只能在二极管中沿一个方向流动。

准备电压可调的直流电源 VG(电压开始调到最小)、二极管 VD、指示灯 H、限流电阻 R、开关 S、电压表,按图 1-1-5 (a) 进行电路连接。闭合开关 S 后,指示灯 H 不亮。慢慢调节 VG 的电压，当二极管两端的电压表达到一定数值后指示灯 H 开始发光，说明此时二极管的电阻变小，电流能够从二极管流过，导电性良好，称为"导通"状态，可以等效成图 1-1-5（c）。若保持原电路不变，把二极管 VD 反一个方向（即二极管的正负极反向）接入电路，同时直流电源 VG 电压调到最小，如图 1-1-5（b）所示，闭合开关 S，指示灯 H 不亮。慢慢调节 VG 的电压（二极管两端的电压不要超过 10V），指示灯一直不亮，说明此状态时二极管的电阻很大，电流无法流过，把这种情况称为"截止"状态，等效电路如图 1-1-5（d）所示。

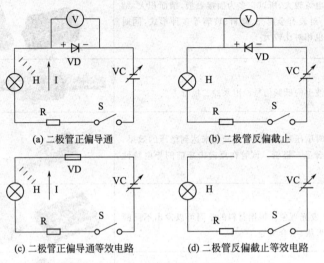

(a) 二极管正偏导通   (b) 二极管反偏截止

(c) 二极管正偏导通等效电路   (d) 二极管反偏截止等效电路

图 1-1-5　二极管的导通实验

图 1-1-5（a）中，二极管的正极电位高于负极电位，将此时二极管上外加电压称为"正向电压"，二极管处于正向偏置，简称"正偏"状态，此时二极管导通；图 1-1-5（b）中二极管的负极电位高于正极电位，将此时二极管上外加电压称为"反向电压"，二极管处于反向偏置，简称"反偏"状态，此时二极管截止。

将二极管这种电流只能从二极管的正极流向负极的特性称为二极管的单向导电性，所以在使用中要注意二极管的方向，防止二极管接错，一般在二极管的外壳上都有明显的符号标记，或者色环标志。如图 1-1-6（a）为带引脚的二极管 PCB 图，图中二极管封装的右边一条竖线表示二极管的负极，图 1-1-6（b）为带引脚的二极管 PCB 安装图，可见二极管实物的银色色环应该对应 PCB 封装上的竖线位置。如图 1-1-7 上半部分 D201 为一个贴片二极管，白色封装的右边为钝角转折，表示二极管的负极，和贴片二极管上的白色竖线对应。和它对比的是图 1-1-7 下半部分为一个电阻的封装和实物，没有相应的极性标示（一般电阻上有数字标示）。

(a) PCB空图   (b) PCB实物安装图

图 1-1-6　带引脚的二极管 PCB 空图及实物安装图   图 1-1-7　贴片二极管 PCB 安装实物图

2. 伏安特性

加在二极管两端的电压和流过二极管的电流间的关系称为二极管的伏安特性，二极管的伏安特性曲线如图 1-1-8 所示。

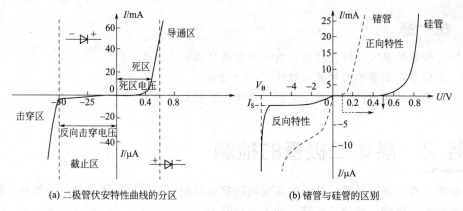

(a) 二极管伏安特性曲线的分区　　　　(b) 锗管与硅管的区别

图 1-1-8　二极管的伏安特性曲线

首先分析一下正向导通时的情况。

开始虽然二极管上加的是正向电压，但是 VG 电压较小，二极管不能导通，说明二极管两脚间的电阻比较大，灯泡不亮。当二极管两端电压达到一定的值后（硅二极管为 0.6V，锗二极管为 0.2V），灯泡才亮，二极管此时两脚间的电阻很小。将二极管正向偏置时的特性称为正向特性。根据正向偏置时，二极管的导通情况将正向特性分成两个区，一个是死区，一个是导通区，如图 1-1-8（a）所示。

死区：在外加的正向偏置电压较小时，二极管中流过的正向电流几乎为零，这个区域称为死区，相应的电压称为死区电压。锗管死区电压约为 0.1V，硅管死区电压约为 0.5V，如图 1-1-8（b）所示。

导通区：当外加的正向偏置电压超过死区电压时，电流随电压增加而快速上升，半导体二极管处于导通状态。锗管的正向导通压降为 0.2～0.3V，硅管的正向导通压降为 0.6～0.7V，如图 1-1-8（b）所示。

由上分析可知，二极管导通的条件有两个：①加正向偏置电压（二极管正极所加电压高于负极电压）；②正向偏置电压达到一定电压值（硅二极管为 0.6V，锗二极管为 0.2V）。

再具体分析一下反向截止时的情况。当在分析图 1-1-5（b）的时候，在二极管正向导通灯泡亮的电压下，二极管反向后的电路灯泡不亮。但是如果继续不断调大 VG，当电压大到一定程度的时候，灯泡突然变亮，说明此时二极管导通，但是此时即使将电压调小，灯泡依然发光，表明二极管已经被击穿，两脚间的内电阻很小，二极管损坏，已经没有单向导电性。我们将二极管接反向电压时的特性称为反向特性。根据反向偏置时，二极管的导通情况将反向特性也分成两个区，一个是截止区，另一个是击穿区，如图 1-1-8（a）所示。

截止区：给二极管外加反向电压，当反向电压不超过某电压范围时，反向电流基本恒定，这个电流称为反向饱和电流。在同样的温度下，硅管的反向电流比锗管小，硅管一般为 1μA 到几十微安，锗管却可达到几百微安，此时二极管处于截止状态。

击穿区：给二极管外加反向电压，当反向电压增加到某一数值时，反向电流突然增大，二极管反向导通，称为反向击穿；该电压称为反向击穿电压。普通二极管正常工作时，不允许出现这样的情况（稳压二极管是个特例）。

想一想

(1) 二极管的最大特性是什么，具体表现是什么？

(2) 二极管在安装的时候要注意什么，为什么？

(3) 二极管的伏安特性分成几个区，每个区的特点是什么？

任务 2　晶体二极管的检测

一般的二极管是通过测量管子的正反向阻抗来判断它的极性与质量的。这里的一般的二极管是指整流二极管、检波二极管、开关二极管等。

1. 采用指针式万用表判断一般二极管的极性与好坏

第一步：检查指针式万用表的灵敏度和良好性。

第二步：选择欧姆挡的"R×1k"挡位，然后挡位调零。

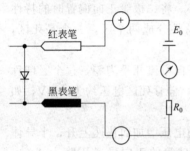

图 1-1-9　万用表电阻挡等效电路

一般模拟万用表的内部结构是，当电阻挡置 R×1、R×10、R×100、R×1k 挡时内部电池为 $E_0 = 1.5V$。而 R×10k 挡时内部电池电压较高，一般为 9V（不同的万用表不尽相同，特别是数字万用表和模拟万用表就有很大的区别，现仅以普通模拟万用表为例）。万用表电阻挡等效电路如图 1-1-9 所示。

测试小功率二极管时应该选 R×100 或 R×1k 挡，因为 R×1、R×10 挡内电阻小，流过二极管的电流大，正向电流过大容易烧毁二极管，而 R×10k 挡的内部电压高容易发生反向击穿。

第三步：一般二极管的极性可以通过二极管外壳上的标记进行识别。一般有深色标记的一端为负极，另一端为正极。

第四步：对于标记不清的二极管可以通过以下方法进行识别。

用万用表的红黑两个表笔，如图 1-1-10（a）所示，分两个方向测试二极管两端的电阻值 [一个按图 1-1-10（a）的 1 测量，另一个按图 1-1-10（a）的 2 测量]，即测量二极管的正向电阻和反向电阻各一次，如果测量的阻值一次比较小，一次很大，表示该二极管工作正常。对于能够正常工作的二极管，如果测得的电阻值较小只有几千欧，如图 1-1-10（b）所示（此时测得的是正向电阻），这时黑表笔所连一端应为二极管的正极，而红表笔所连的一端为二极管的负极；如果测得的电阻值接近无穷大（此时测得的是反向电阻），如图 1-1-10（c）所示，这时与黑表笔所连一端为二极管的负极，而红表笔所连一端为二极管的正极。

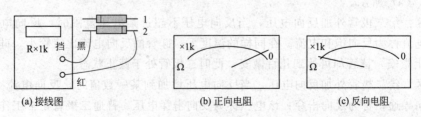

图 1-1-10　模拟万用表测试二极管示意图

注：测量时电路说明：根据在指针式万用表欧姆挡的电路中，万用表的红表笔（即万用表"＋"端）是与表内电池的负极连接的，而黑表笔（即万用表的"－"端）是连接到表内电池的正极。用黑表笔（电源正极）接二极管的正极，红表笔（电源负极）接二极管负极时，二极管正向导通，正向电阻约为几百到几千欧。反之红表笔接二极管正极，黑表笔接二极管负极，二极管方向截止，反向电阻为几百千欧以上。

若正向电阻和反向电阻值均为无穷大，说明二极管内部断开；若正向电阻和反向电阻值均为零，说明二极管内部短路；若正向电阻和反向电阻值接近，说明二极管性能恶化；后三种状态均表示二极管损坏。

2. 采用数字万用表判断一般二极管的极性与好坏

第一步：检查数字万用表的好坏。

第二步：选择二极管挡位。

第三步：用数字万用表的红黑两个表笔，如图 1-1-11（a）所示，分两个方向测试二极管管两端的电阻值 [一个按图 1-1-11（a）的 1 测量，另一个按图 1-1-11（a）的 2 测量]，即测量二极管的正向管压降和反向管压降各一次。对于能够正常工作的二极管，如果数字万用表测得的数字显示"1"，如图 1-1-11（b）所示，表示二极管处于反向偏置状态，这时与黑表笔所连一端为二极管的正极，而红表笔所连的一端为二极管的负极。如果此时数字万用表显示的数值为 600 左右如图 1-1-11（c），说明此时是二极管正偏状态，数值的含义是二极管正向导通后的管压降为 600 多毫伏，此时黑表笔所连一端应为二极管的负极，而红表笔所连的一端为二极管的正极，并且我们可以知道这个二极管为硅二极管；如果万用表显示的是 200 左右，如图 1-1-11（d）所示，状态同上，并且知道这个二极管为锗二极管

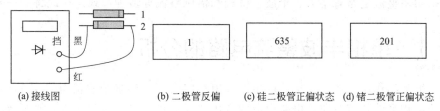

(a) 接线图　　　　　　　(b) 二极管反偏　　(c) 硅二极管正偏状态　(d) 锗二极管正偏状态

图 1-1-11　数字万用表测试二极管示意图

注：由于硅二极管的正向导通压降 U_F 为 0.6～0.7V，锗二极管则为 0.15～0.3V，两者的正向管压降不同，一般整流电路中的二极管多属于硅二极管，检波电路中的二极管多属于锗二极管。点接触型二极管多为锗二极管，面接触型二极管多为硅二极管。

任务实施

做一做　二极管的检测与判断

准备好 1N4001 和 1N4148 两种型号的晶体二极管各一只，模拟万用表 1 只，按要求进行二极管的判断，并填写表 1-1-3。

（1）判断晶体二极管的好坏；

(2) 判断晶体二极管的极性；

(3) 判断晶体二极管的类型（锗管和硅管判别）。

表 1-1-3　二极管检测的数据记录表

型　号	封 装 形 式	万用表挡位开关位置	PN 正向电阻	PN 反向电阻	好	坏	类　　型
1N4001							
1N4148							

想一想

(1) 识别和检测二极管的极性与好坏时应用了二极管的什么特性？

(2) 使用数字万用表检测与模拟万用表检测有什么不同？

(3) 二极管中锗管和硅管的区别是什么？

模块 2　整流电路的分析与测试

整流电路的功能就是把交流电变换成直流电，利用具有单向导电性能的元件（如二极管、晶闸管等），将变压器输出的正、负交替变化的正弦交流电压整流变换成单向脉动的直流电压。小功率整流电路有半波、全波、桥式和倍压整流等多种形式。在此将一一介绍。

任务 1　单相半波整流电路的分析

整流二极管的作用是利用二极管的单向导电性将交流电转换成直流电。图 1-2-1 就是一个最简单的单相半波整流电路，电路由电源变压器 T、整流二极管 VD 和负载 R_L 组成。

注：为了简单，我们在分析电路的时候均认为二极管处于理想状态，当二极管正向导通的时候相当于短路，反向截止的时候相当于开路。

1. 工作原理

设电源变压器次级感应出的交流电压为 u_2，如图 1-2-2（a）所示。它的瞬间表达式是 $u_2 = \sqrt{2}\, U_2 \sin\omega t$，式中 u_2 为瞬间值，U_2 是交流电有效值，ω 为角频率，ωt 为相位角。

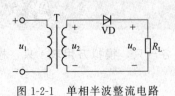

图 1-2-1　单相半波整流电路

图 1-2-2　单相半波整流电路波形图

（1）当 u_2 为正半周时，如图 1-2-3 所示，所示变压器次级电压 u_2 上为正，下为负，二极管 VD 加正向电压，处于导通状态，产生电流由 u_2 的 + 端→VD→ R_L → u_2 的一端，忽略二极管的正向压降，R_L 上产生正半周电压 $u_o = u_2$，相应的输入电压 u_2、输出电流 i_o、输出电压 u_o 的波形，如图 1-2-2 的 1 区所示。

（2）当 u_2 为负半周时，如图 1-2-4 所示，变压器次级电压 u_2 上为负，下为正，二极管 VD 加反向电压，处于截止状态，R_L 上无电流流过，相应的输入电压 u_2、输出电流 i_o、输出电压 u_o 的波形，如图 1-2-2 的 2 区所示。

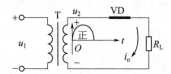 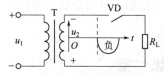

图 1-2-3　u_2 为正半周时的等效电路　　　　图 1-2-4　u_2 为负半周时的等效电路

结论：由于输入的电压 u_2 是周期变化的交流正弦波，当上一个负半周电压过去之后，接下来的是下一个周期的正半周电压，和第一个正半周电压一样，如此周而复始。可以看出该电路利用了二极管的单向导电性，将一个周期的正弦交流电变换成为了只有半个周期的单向脉动直流电，即电路仅利用了电源电压 u_2 的半个波，故称半波整流。该电路的缺点是电源利用率低，且输出脉动大。

2. 负载与整流二极管的电压和电流

半波整流输出电压和电流为脉动值，方向不变，大小随时间而变，理论分析可得：

（1）半波整流负载两端的输出直流电压是指一个周期内脉动电压的平均值 U_o。

$$U_o = \frac{1}{2\pi} \int_0^{2\pi} u_2 \mathrm{d}(\omega t) = \frac{1}{2\pi} \int_0^{\pi} \sqrt{2} U_2 \sin \omega t \, \mathrm{d}(\omega t) \approx 0.45 U_2$$

（2）流过负载电流的平均值是：

$$I_o = \frac{U_o}{R_L} = \frac{0.45 \ U_2}{R_L}$$

（3）流过二极管的正向电流 I_V 与负载电流 I_o 相等，即

$$I_V = I_o$$

（4）截止时，二极管承受的反向峰值电压就是变压器二次端交流电压 u_2 的最大值，即

$$U_R = \sqrt{2} \ U_2$$

3. 整流二极管的选用

整流二极管的作用是利用二极管的单向导电性，将交流电转换成单向脉动直流电。选择整流二极管时主要考虑最大整流电流 I_{VM}、最大反向工作电压 U_{RM}、最大反向电流 I_{RM}、最高工作频率 F_M 等参数。这些参数是用来定量描述二极管性能好坏的质量指标，常见参数除了上面提到的还有结电容、温度系数、反向恢复时间、正向压降等参数。针对单相半波整流电路，整流二极管的参数要满足以下条件：

最大整流电流：$I_{VM} \geqslant I_o$；

最高反向工作电压：$U_{RM} \geqslant \sqrt{2} \ U_2$。

注：最大反向电流 I_{RM}，是指在规定的温度，给二极管加上最大反向电压时通过二极管的反向电流值。反向电流越大，说明二极管的单向导电性越差，反之此值越小，则单向导电性越好。该值受温度影响很大。硅二极管反向电流较小，一般在几微安以下；锗二极管的反向电流较大，一般在几十微安至几百微安。

最高工作频率 F_M，是指二极管保持它良好工作特性的最高频率。正常工作时候的频率要求低于此频率。

最大整流电流 I_{VM}，是指二极管在长时间正常工作时，允许通过二极管的最大正向电流值。它的大小取决于 PN 结的面积、材料和散热条件，超过此值二极管将会因为过热而损坏。各种用途的二极管对这一参数要求的重要性不同。

最大反向工作电压 U_{RM}，是指二极管正常工作时所能承受的最大反向电压值。一般手册上给出的最大反向电压 U_{RM} 约等于反向击穿电压的一半，以保证二极管的安全工作。（反向击穿电压是指二极管加反向电压，使二极管击穿时的电压值。）

想一想

(1) 有一直流负载，需要直流电压 $U_L = 80V$，直流电流 $I_L = 6\ A$，若采用半波整流电路，求二次电压，如何选择二极管。

(2) 在单相半波整流电路的基础上还有一种全波整流电路——变压器中心抽头式单相全波整流电路，如图 1-2-5 所示。VD_1、VD_2 为性能相同的两个整流二极管；T 为电源变压器，作用是产生大小相等而相位相反的 u_{2a} 和 u_{2b}，u_{2a} 和 u_{2b} 的波形，如图 1-2-6 所示，u_{2a} 是实线波形，u_{2b} 是虚线波形。

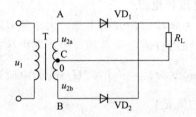

图 1-2-5　变压器中心抽头式单相全波整流电路

① 要求根据单相全波整流电路工作原理的分析，绘制 i_{VD1}、i_{VD2} 与 U_L。

a. u_1 正半周时，T 次级 A 点电位高于 B 点电位，在 u_{2a} 作用下，VD_1 导通（VD_2 截止），电流从 A 点经过 VD_1，流过 R_L，流回 C 点；电流 i_{VD1} 的波形就是流过 R_L 的 i_{R1} 的波形。将 i_{VD1} 与 U_L 波绘制在图 1-2-6 的 1 区、3 区。

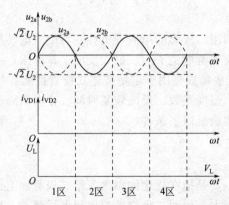

图 1-2-6　变压器中心抽头式单相全波整流电路的波形图

b. u_1 负半周时，T 次级 A 点电位低于 B 点电位，在 u_{2b} 的作用下，VD_2 导通（VD_1 截

止），电流从 B 点经过 VD_2，流过 R_L，流回 C 点；电流 I_{VD2} 的波形就是流过 R_L 的 i_{RL} 的波形。将 i_{VD2} 与 U_L 波绘制在图 1-2-6 的 2 区、4 区。

② 根据绘制的波形，分析全波整流电路名称的含义及全波整流电路和半波整流电路的优缺点。

任务 2　单相桥式整流电路的分析与测试

单相桥式全波整流电路比全波整流电路对电源的转换更进了一步，电路如图 1-2-7 所示，简称桥式整流电路。它是由接成桥式的整流二极管 $VD_1 \sim VD_4$ 和电源变压器 T 组成，R_L 是负载电阻。

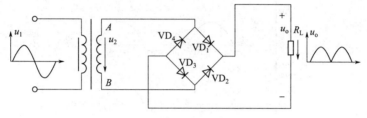

图 1-2-7　单相桥式整流电路

1. 工作原理

下面将单相桥式全波整流电路的工作原理针对两个半波进行分析：

（1）当 u_1 为正半周时，如图 1-2-8 所示，变压器的次级上正下负，VD_1 和 VD_3 导通，VD_2 和 VD_4 截止，电流从变压器的次级＋端→VD_1→R_L→VD_3→变压器的次级的－端，R_L 上产生压降 u_o。

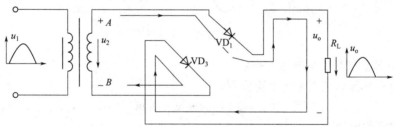

图 1-2-8　正半周时单相桥式整流等效电路

（2）当 u_1 为负半周时，如图 1-2-9 所示，变压器的次级上负下正，VD_2 和 VD_4 导通，VD_1 和 VD_3 截止，电流从变压器的次级下端 ＋ 端→VD_2→R_L→VD_4→变压器的次级上端 －端，R_L 上产生压降 u_o。

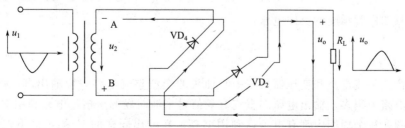

图 1-2-9　负半周时单相桥式整流等效电路

这样，在U_2的整个周期内，都有方向不变的电流流过R_L，单相桥式整流电路波形如图1-2-10所示。从波形图可看出，桥式整流电路充分利用了交流电一个周期的两个半波，所以流过负载R_L的电流i_o是全波脉动电流。

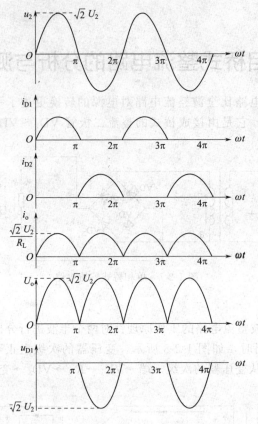

图 1-2-10 单相桥式整流电路的波形图

2. 负载与整流二极管的电压和电流

（1）负载全波脉动直流电压平均值U_o：

$$U_o = 2 \times 0.45U_2 = 0.9U_2$$

（2）负载平均电流：

$$I_o = 0.9 \frac{U_2}{R_L}$$

（3）每只二极管通过的平均电流：

$$I_V = \frac{1}{2} I_o = 0.45 \frac{U_2}{R_L}$$

（4）每只二极管承受的反向电压：

$$U_{RM} = \sqrt{2} U_2$$

3. 优缺点分析

优点：桥式整流电路和变压器具有中心抽头的全波整流电路一样输出电压的脉动成分，比半波整流电路小很多，输出电压的直流有效值是半波时候的一倍，电源利用率高。同时变压器次级线圈在每个周期内都有电流，利用率高；在输出同样的V_o的条件下，桥式整流电路的二极管所承受的最大反向电压只有变压器具有中心抽头的全波整流电路的一半。

缺点：需要四个整流二极管。

做一做　桥式全波整流电路的测试

（1）按照图 1-2-11 搭建电路。使用万用表测量负载 R_L 上的输出电压的数值，用示波器查看 U_2、R_L 两端输出波形，并记录在表 1-2-1 中。

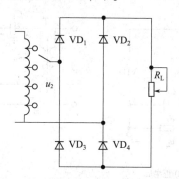

图 1-2-11　桥式全波整流电路等效电路

表 1-2-1　整流电路的测试

输入交流电压 U_2 的波形及数值	整流电路输出电压 $u_。$ 的波形及数值	整流器件上电压和电流	
		最大整流电压	最大整流电流

（2）计算整流器件上的电压和电流值，并解释原因。

 **想一想**

（1）若采用单相半波整流电路来获得相同数值的输出电压和电流，问变压器次级电压应为多大？应选何种型号的整流二极管。

（2）试分析桥式整流电路中的二极管 VD_2 或 VD_4 断开时负载上电压的波形。如果 VD_2 或 VD_4 接反，后果如何？如果 VD_2 或 VD_4 因击穿或烧坏而短路，后果又如何？

任务 3　倍压整流电路的分析

在一些需用高电压、小电流的地方，常常使用倍压整流电路。倍压整流电路，可以利用整流二极管的整流作用和引导作用，将较低的交流电压分别存在多个电容器上，然后将它们按照相同的极性串联起来，从而达到一个较高的直流电压。倍压整流电路一般按输出电压是输入电压的多少倍，分为二倍压、三倍压与多倍压整流电路。如图 1-2-12 就是一个简单的二倍压整流电路。

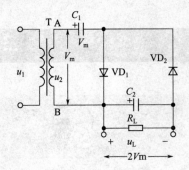

图 1-2-12　直流二倍压整流电路（一）

1. 二倍压整流电路

（1）正半周时，即 A 为正、B 为负时，VD$_1$ 导通、VD$_2$ 截止，电源经 VD$_1$ 向电容器 C$_1$ 充电，在理想情况下，此半周内，VD$_1$ 可看成短路，同时电容器 C$_1$ 充电电压充到接近 V$_2$ 的峰值 V$_m$，其电流路径及电容器 C$_1$ 的极性如图 1-2-13（a）所示。

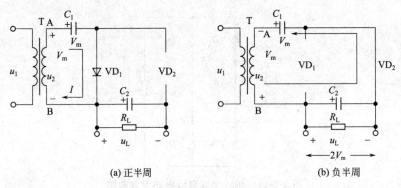

(a) 正半周　　　　　　　　　　　　(b) 负半周

图 1-2-13　直流二倍压整流电路（二）

（2）负半周时，即 A 为负、B 为正时，VD$_1$ 截止、VD$_2$ 导通，电源经 C$_1$、VD$_2$ 向 C$_2$ 充电，由于 C$_1$ 的 V$_m$ 再加上变压器二次侧的 V$_m$ 使 C$_2$ 充电至最高值 2V$_m$，其电流路径及电容器 C$_2$ 的极性如图 1-2-13（b）所示。其中 C$_2$ 的电压无法在一个周期内即充至 2V$_m$，它必须在几个周期后才可渐渐趋近于 2V$_m$，为了简化分析，设为理想状态。

正半周时，二极管 VD$_2$ 所承受最大逆向电压值为 2V$_m$，负半波时，二极管 VD$_1$ 所承受最大的逆向电压为 2V$_m$，所以电路中应选择反向峰值电压大于 2V$_m$ 的二极管。

2. 三倍压整流电路

在二倍压整流电路的基础上，再加一个整流二极管 VD$_3$ 和一个滤波电容器 C$_3$，就可以组成三倍压整流电路（图 1-2-14），三倍压整流电路的工作原理是：在 u$_2$ 的第一个半周和第二个半周与二倍压整流电路相同，即 C$_1$ 上的电压被充电到接近 V$_m$，C$_2$ 上的电压被充电到接近 2V$_m$。当第三个半周时，VD$_1$、VD$_3$ 导通，VD$_2$ 截止，电流除经 VD$_1$ 给 C$_1$ 充电外，又经 VD$_3$ 给 C$_3$ 充电，C$_3$ 上的充电电压 $U_{c3} = u_{2峰值} + U_{c2} - U_{c1} \approx 2V_m$，这样，在 R$_L$ 上就可以输出直流电压 $U_{RL} = U_{c1} + U_{c3} \approx 3V_m$，实现三倍压整流。

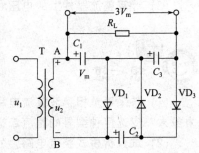

图 1-2-14　三倍压整流电路

3. N 倍电压路

按照以上方法，增加多个二极管和相同数量的电容器，可以组成多倍压整流电路。当 N 为奇数时，输出电压从上端取出；当 N 为偶数时，输出电压从下端取出。

想一想

分析图 1-2-15 的工作原理，回答这是几倍压电路，并简述它的工作原理。

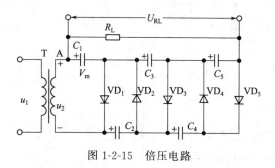

图 1-2-15　倍压电路

模块 3　滤波电路的分析与测试

滤波电路是指把整流后脉动较大的直流电变换成平滑的直流电，通常利用电容电感等储能元件来滤除单向脉动电压中的谐波成分。

任务 1　电容滤波电路的分析与测试

整流电路输出的是脉动的直流电压，这种电压除了含有直流分量外，还含有不同频率的交流分量，称为纹波电压，这样的电压远不能满足大多数电子设备对电源的要求。因此，要在整流电路之后加入滤波电路滤除脉动电压中的交流成分，提高其平滑性。滤波电路一般由电容、电感以及电阻元件组成。

常见的滤波电路的类型如图 1-3-1 所示。

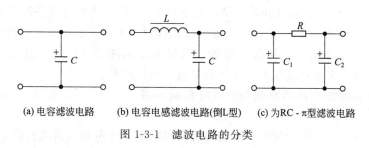

(a) 电容滤波电路　(b) 电容电感滤波电路(倒L型)　(c) 为RC - π型滤波电路

图 1-3-1　滤波电路的分类

1. 电容滤波电路的工作原理

（1）空载时的情况

当电路采用电容滤波，输出端空载，如图 1-3-2（a）所示，设初始时电容电压 u_c 为零。接入电源后，当 u_2 在正半周时，通过 VD$_1$、VD$_3$ 向电容器 C 充电；当在 u_2 的负半周时，通过 VD$_2$、VD$_4$ 向电容器 C 充电，充电时间常数为

$$\tau_c = R_{int} C$$

上式中 R_{int} 包括变压器副边绕组的直流电阻和二极管的正向导通电阻。由于 R_{int} 一般很

17

小，电容器很快就充到交流电压 u_2 的最大值，如波形图 1-3-2（b）所示。此后，u_2 开始下降，由于电路输出端没接负载，电容器没有放电回路，所以电容电压值 u_c 不变，此时，$u_c > u_2$，二极管两端承受反向电压，处于截止状态，电路的输出电压 $u_o = u_c = \sqrt{2}U_2$，电路输出维持一个恒定值。实际上电路总要带一定的负载。

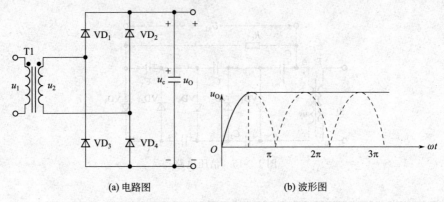

(a) 电路图　　　　　　　　　　　（b) 波形图

图 1-3-2　空载时桥式整流电容滤波电路

（2）带载时的情况

我们先分析具有电容滤波器 C 的半波整流电路在带电阻负载后的工作情况，如图 1-3-3 所示。当电路接通电源后，u_2 的正半周由零逐渐增大时，二极管 VD_1 导通，电流通过 VD_1 流向负载 R_L，同时向电容 C 充电贮能，电容端电压 u_c 的极性为上正下负。

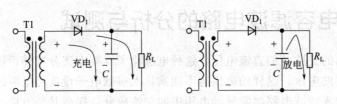

图 1-3-3　电容滤波电路的充放电工作示意图

考虑到二极管正向内阻很小，变压器次级绕组电阻也很小，u_c 迅速（充电时间 τ 很短）跟随 u_2 到达峰值，u_2 达峰值后开始下降，而电压 u_c 也将由于放电而逐渐下降。当 $u_2 < u_c$ 时，二极管截止，于是 u_c 以一定的时间常数按指数规律下降，给负载 R_L 放电，直到下一个正半周来到时，当 $u_2 > u_c$，二极管又导通，输出电压如图 1-3-4（b）的波形中实线所示，虚线部分的波形表示未加滤波器时的半波脉动直流电压波形。

桥式整流电容滤波电路的原理和半波时相同，图 1-3-5 为桥式整流电容滤波电路及波形图。

接通交流电源后，二极管导通，整流电源同时向电容充电和向负载提供电流，输出电压的波形是正弦形。当 u_2 达到 90° 峰值时，u_2 开始以正弦规律下降，此时二极管是否关断，取决于二极管承受的是正向电压还是反向电压。

电容器的放电时间常数为

$$\tau_d = R_L C$$

电容滤波提高了输出电压的直流部分，降低了输出电压的脉动成分。若电容容量越大，存储电荷越多，脉动就越少，输出直流电压越大。负载电阻越大，放电越慢，脉动越少、输出直流电压越大。即 R_L 和 C 越大，脉动越小，输出的直流电压越大。因此，电容滤波适用于负载电流较小，且负载电流变化不大的场合。电容放电时间常数越大，二极管导通时间越短，电流对整流管冲击越大，因此，选择整流二极管时，二极管的最大整流电流一定需要较大。

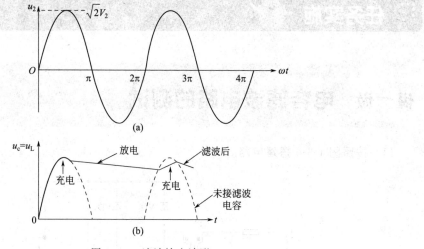

图 1-3-4　滤波输出波形

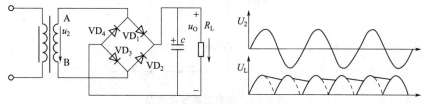

图 1-3-5　桥式整流电容滤波电路及波形图

2. 电容滤波的基本特点及参数计算

（1）采用电容滤波后，负载电压中的脉动成分降低了很多。

（2）输出的负载电压的平均值提高了很多。在 R_L 一定的情况下，滤波电容越大，输出电压 V_L 就越大。由于在工程上桥式全波电路使用较多，以下参数的选择均针对桥式整流电路。

电路输出电压平均值

$$U_L \approx 1.2 U_2$$

滤波电容 C 的容量的选择

$$C \geqslant (3 \sim 5) T/2R_L$$

式中，T 为交流电源电压的周期。

滤波电容 C 的耐压的选择

$$U_C \geqslant (1 \sim 1.5)\sqrt{2} U_2$$

（3）采用电容滤波后，整流二极管的导通时间缩短了，但是二极管受到的电流冲击加大了，所以选择整流二极管时最大整流电流要加大。整流二极管的参数要求：

$$U_{RM} \geqslant (1.5 \sim 2.5)\sqrt{2} U_2$$

式中，U_{RM} 为二极管最大反向工作电压。

$$I_M \geqslant (1 \sim 1.5) I_L$$

式中，I_M 为二极管最大正向工作电流，I_L 为 R_L 上流过的电流。

$$I_L = V_L / R_L$$

任务实施

做一做　电容滤波电路的测试

(1) 按照图 1-3-6 搭建电路。

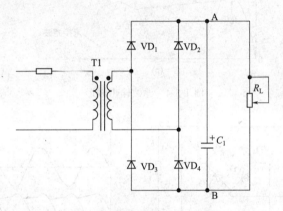

图 1-3-6　电容滤波等效电路

(2) 用万用表和示波器测量输出电压及其波形，记录在表 1-3-1 中，并与未添加滤波电容时的情况相对比，分析原因。

表 1-3-1　滤波电路分析

输入交流电压 U_2 的波形及数值	整流电路输出电压 u_o 的波形及数值	整流器件上电压和电流	
		最大整流电压	最大整流电流

(3) 调节 R_L，再观察一下波形的变化。

注意：电解电容与负载并联时，注意极性不能接反。为安全起见，电解电容耐压值应大于 $\sqrt{2}U_2$。

想一想

一个桥式滤波电路，如图 1-3-5 所示。电源为 220V，50Hz 的交流电。通过变压器变压后进行整流，要求负载输出直流电压为 35V，电流为 400mA，试选择整流二极管的型号及滤波电容的规格。

任务 2　电感滤波电路的分析与测试

在负载需要输出较大电流或者负载变化大，又要求输出电压比较稳定的场合，电容滤波将无法满足要求，这时可采用电感滤波（滤波电感与负载相串联）。电感滤波电路如图 1-3-7 所示。

电感滤波电路波形图，如图 1-3-8 所示。

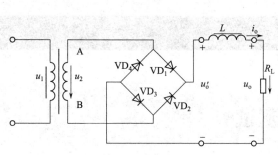

图 1-3-7　电感滤波电路图

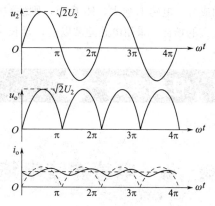

图 1-3-8　电感滤波电路波形图

1. 电路特点

（1）滤波过程中，很大一部分交流分量降落在电感上，降低了负载电压的脉动成分，且电感量 L 越大，R_L 越大，滤波效果越好，因此电感滤波适用于负载电流较大的场合。但电感量大后不仅会使滤波器体积变大、重量增大，而且会使电路损耗增大。

（2）全波整流电路中，电感 L 上的反电动势有助于延长整流二极管导通时间，但四管中每两管交替导通时间仍不变，各占半个周期，这样克服了电容滤波电路中对整流管冲击电流大的缺点。

（3）与电容滤波电路相比，全波整流滤波电路输出电压 U_L 较低，$U_o = U_L = 0.9U_2$。

（4）当输出电流给定时，为保持有较好的滤波特性，选用的电感 $L > R_L/3\omega$（ω 为整流输出脉动电压的基波角频率）。对交流电源为 50Hz 的全波整流电路来说，$L \geq R_L/942$。

2. 工作原理

利用储能元件电感器 L 的电流不能突变的特点，在整流电路的负载回路中串联一个电感，使输出电流波形较为平滑。因为电感对直流的阻抗小，交流的阻抗大，因此能够得到较好的滤波效果而直流损失小。电感滤波缺点是体积大，成本高。

桥式整流电感滤波电路如图 1-3-7 所示。根据电感的特点，当输出电流发生变化时，L 中将感应出一个反电势，使整流管的导电角增大，其方向将阻止电流发生变化。工作原理分析如下，在桥式整流电路中，当 u_2 正半周时，VD_1、VD_3 导电，电感中的电流将滞后 u_2 不到 $90°$。当 u_2 超过 $90°$ 后开始下降，电感上的反电势有助于 VD_1、VD_3 继续导电。当 u_2 处于负半周时，VD_2、VD_4 导电，变压器副边电压全部加到 VD_1、VD_3 两端，致使 VD_1、VD_3 反偏而截止，此时，电感中的电流将经由 VD_2、VD_4 提供。由于桥式电路的对称性和电感中电流的连续性，四个二极管 VD_1、VD_3、VD_2、VD_4 的导电角 θ 都是 $180°$，这一点与电容滤波电路不同。

电感滤波电路，二极管的导通角也是 $180°$，当忽略电感器 L 的电阻时，负载上输出的电

压平均值也是 $0.9U_2$。如果考虑滤波电感的直流电阻 R，则电感滤波电路输出的电压平均值为

$$U_{o(AV)} = \frac{R_L}{R + R_L} 0.9U_2$$

要注意电感滤波电路的电流必须要足够大，即 R_L 不能太大，应满足 $w_L \gg R_L$，此时 $I_{o(AV)}$ 可用下式计算

$$I_{o(AV)} = 0.9U_2/R_L$$

由于电感的直流电阻小，交流阻抗很大，因此直流分量经过电感后的损失很小，但是对于交流分量，在 w_L 和 R_L 上分压后，很大一部分交流分量降落在电感上，因而降低了输出电压中的脉动成分。电感 L 愈大，R_L 愈小，则滤波效果愈好，所以电感滤波适用于负载电流比较大且变化比较大的场合。采用电感滤波以后，延长了整流管的导电角，从而避免了过大的冲击电流。

做一做　电感滤波电路的测试

（1）按照图 1-3-9 搭建电路，R_L 调到最大。

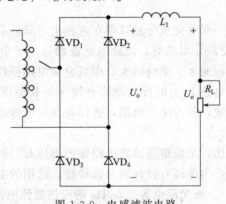

图 1-3-9　电感滤波电路

（2）通过计算选择合适的 L，用示波器观察 U_o' 和 U_o 的波形，并记录。

（3）将 R_L 调到中间值时，再观察一下波形，并记录在表 1-3-2。

表 1-3-2　电感滤波电路波形

L = _____	U_o' 波形	U_o 波形
R_L = 最大		
R_L = 中间值		

想一想

(1) 电感滤波电路中电感容量、负载电阻对输出电压的影响？

(2) 电容滤波与电感滤波的区别有哪些？

(3) 电感滤波一般使用在什么场合？

任务3 复式滤波电路的分析

无源滤波除了上面介绍的电容滤波、电感滤波外还有复式滤波，包括倒 L 型 LC 滤波、LC-π 型滤波和 RC-π 型滤波等，本次任务简单介绍一下它们的工作原理。

1. 电感电容滤波电路

根据电抗性元件对交、直流阻抗的不同，由电容 C 及电感 L 所组成的滤波电路的基本形式如图 1-3-10 所示。因为电容器 C 对直流开路，对交流阻抗小，所以 C 并联在负载两端。电感器 L 对直流阻抗小，对交流阻抗大，因此 L 应与负载串联。并联的电容器 C 在输入电压升高时，给电容器充电，可把部分能量存储在电容器中。而当输入电压

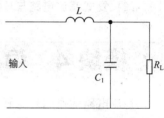

图 1-3-10 LC 电感滤波

降低时，电容两端电压以指数规律放电，就可以把存储的能量释放出来。经过滤波电路向负载放电，负载上得到的输出电压就比较平滑，起到了平波作用。若采用电感滤波，当输入电压增高时，与负载串联的电感 L 中的电流增加，因此电感 L 将存储部分磁场能量，当电流减小时，又将能量释放出来，使负载电流变得平滑，因此，电感 L 也有平波作用。

2. π 型滤波电路

π 型滤波器包括两个电容器和一个阻器、两个电容器和一个电感器两种形式。它的输入和输出都呈低阻抗。π 型电路因为元件多，所以其插入损耗特性比 C 型和 LC 型更好。

RC-π 型滤波电路，实质上是在电容滤波的基础上再加一级 RC 滤波电路组成的。如图 1-3-11 所示。由分析可知，电阻 R 的作用是将残余的纹波电压降落在电阻两端，最后由 C_2 再旁路掉。在 ω 值一定的情况下，R 愈大，C_2 愈大，则脉动系数愈小，也就

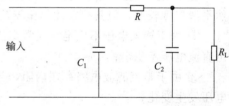

图 1-3-11 RC-π 型滤波电路

是滤波效果就越好。而 R 值增大时，电阻上的直流压降会增大，这样就增大了直流电源的内部损耗；若增大 C_2 的电容量，又会增大电容器的体积和重量，实现起来也不现实。这种电路一般用于负载电流比较小的场合，因为 R 的取值不能太大，一般几至几十欧姆。其优点是成本低。其缺点是电阻要消耗一些能量，效果不如 LC 电路。滤波电容取大一点效果也不错。

LC-π 型滤波电路里有一个电感，如图 1-3-12 所示，根据输出电流大小和频率高低选择电感量的大小。其缺点是电感体积大，笨重，价格高。现在一般的电子线路的电源都是 RC 滤波，很少用 LC 滤波电路。

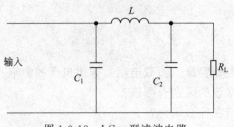

图 1-3-12　LC-π 型滤波电路

(1) 简单概述三种复式滤波电路的工作原理，彼此间的优点与缺点。

(2) 复式滤波电路与单纯的电容滤波和电感滤波的差别。

模块 4　稳压电路的分析与测试

稳压电路的作用是克服电网电压或负载电流变化时所引起的输出电压的变化，保持输出电压的稳定。

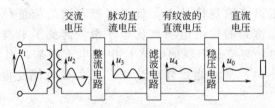

图 1-4-1　稳压电路在稳压电源电路中的作用示意图

稳压电路在稳压电源电路中的作用如图 1-4-1 所示。经整流滤波后输出的直流电压，虽然平滑程度较好，但其稳定性仍比较差。其原因主要有以下几个方面：

① 由于输入电压不稳定（通常交流电网允许有 ±10% 的波动），而导致整流滤波电路输出直流电压不稳定；

② 由于整流滤波电路存在内阻，当负载变化时，引起负载电流发生变化，使输出直流电压发生变化；

③ 由于电子元件的参数与温度有关，当环境温度发生变化时，引起电路元件参数发生变化，导致输出电压发生变化；

④ 整流滤波后得到的直流电压中仍然会有少量纹波成分，不能直接供给那些对电源质量要求较高的电路。

所以整流滤波后的直流电还不能够供应给电子设备，还需要进行稳压，所以将不稳定的直流电压变换成稳定的直流电压的电路称为直流稳压电路。

直流稳压电路按照调整的工作状态可分成线性稳压电路和开关稳压电路两大类。前者的特点是简单易行，但转换效率低，体积大；后者的特点是体积小，转换效率高，但是控制电路较复杂。随着自关断电力电子器件和电子集成电路的迅速发展，开关电源已得到越来越广泛的应用。这里主要讨论硅稳压管并联稳压电路。

任务 1 并联型稳压电路的分析与测试

知识 1 硅稳压管的认识

稳压二极管是硅稳压管并联型稳压电路中最重要的元件,下面重点对稳压二极管做个介绍。

1. 稳压二极管的特性

图 1-4-2 稳压二极管的符号

稳压二极管是一种起稳压作用的特殊二极管,它是利用特殊工艺制造的面结型硅二极管,它的电路符号如图 1-4-2 所示。图 1-4-3 是稳压二极管的伏安特性曲线。分析可见稳压二极管的正向特性与普通二极管相同,而反向击穿区非常陡直(虚线的是普通二极管的反向特性,实线的是稳压二极管的反向特性)。稳压二极管工作于反向击穿区,反向电流在较大范围内变化时,稳压管两端的电压几乎不变,所以在实际工作电路中稳压管必须反接在待稳定的电压两端,如图 1-4-4 所示。

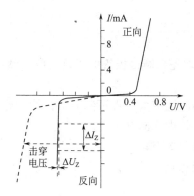

图 1-4-3 稳压二极管的伏安特性电线

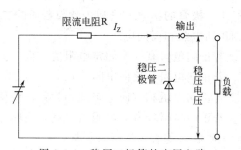

图 1-4-4 稳压二极管的应用电路

2. 稳压二极管的主要参数

(1)稳定电压 U_Z:稳压管的反向击穿电压。稳压管击穿后电流变化很大,但电压基本不变,这个电压值就是稳压管的稳压值。不同的稳压管有不同的稳定电压。

(2)动态电阻 r_Z:r_Z 又称为稳压管的内阻,是在稳压区稳压管电压的变化量与电流变化量之比,$r_Z = \Delta U_Z / \Delta I_Z$。动态电阻 r_Z 越小,稳压性能就越好。

(3)稳定电流 I_Z:稳压电流有最小稳定电流 I_{Zmin}、最大稳定电流 I_{Zmax} 和稳定电流 I_Z 之分。其中,I_{Zmin} 值表示当流过稳压管的电流 $I_Z < I_{Zmin}$ 时,稳压管不稳压,一般小功率稳压管 I_{Zmin} 为 5mA。I_{Zmax} 表示当流过稳压管的电流大于 $I_Z > I_{Zmax}$ 时,管子会因电流过大而发热损坏。I_Z 表示正常工作电流。

(4)最大允许耗散功率 P_{ZM}:P_{ZM} 是指稳压管正常工作所允许的最大功率损耗,表示为 $P_{ZM} = I_Z U_{Zmax}$。

(5)温度系数:衡量温度变化时稳定电压 U_Z 变化程度的参数。一般 U_Z 大于 6V 的为正温度系数,小于 6V 为负温度系数。

(6)稳压系数:在负载电阻不变时,输出电压的相对变化量与输入电压相对变化量之比

称为稳压系数，用 S_r 表示，即

$$S_r = \frac{\Delta U_o / U_o}{\Delta U_i / U_i}\bigg|_{R_L = 常数}$$

稳压系数愈小，稳压效果愈好。

几种常见稳压二极管的主要参数见表 1-4-1。

表 1-4-1 几种常见稳压二极管的主要参数

参 数 型 号	稳定电压/V	稳定电流/mA	温度系数/(%/℃)	动态电阻/Ω	最大稳定电流/mA	耗散功率/W
2CW14	6～75	10	0.06	≤15	33	0.25
2CW20	13.5～17	5	0.095	≤50	15	0.25
2CW7C	6.1～6.5	10	0.005	≤10	30	0.25

3. 稳压二极管使用注意点

（1）工程上使用的稳压二极管无一例外都是硅管；

（2）连接电路时应反接；

（3）稳压管需串入一只电阻。该电阻的作用首先是起限流作用，以保护稳压管；其次，当输入电压或负载电流变化时，通过该电阻上电压降的变化，取出误差信号以调节稳压管的工作电流，从而起到稳压作用。

4. 稳压二极管的检测

（1）稳压二极管的基本检测方法和步骤

稳压二极管的检测方法和步骤与普通的二极管相同，先判断二极管的正负引脚，然后测量它的正向电阻和反向电阻。

① 若正向电阻有一个固定电阻值，而反向电阻值趋向无穷大，即可判断二极管良好；

② 若正向电阻和反向电阻值均为无穷大，说明二极管内部断开；

③ 若正向电阻和方向电阻值均为零，说明二极管内部短路；

④ 若正向电阻和方向电阻值接近，说明二极管性能恶化。

后三种状态均表示二极管损坏。

（2）稳压二极管管压降的检测方法

稳压二极管的关键特性还是它的稳压性能，检测时候需要性能良好的模拟万用表和数字万用表各一块。如图 1-4-5 所示，以稳压值 6V 的稳压二极管为例。步骤如下：

① 灵敏的模拟万用表选择 R×10k 挡位，然后调零。

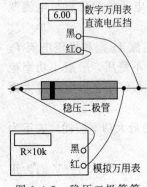

图 1-4-5 稳压二极管管
压降的检测方法

② 测量稳压二极管的反向电阻值。模拟万用表的红表笔连接确认好正负极的稳压二极管的正极，黑表笔连接二极管的负极。

③ 将灵敏的数字万用表选择 20V 的挡位。

④ 测量稳压二极管的反向击穿压降。数字万用表的红表笔连接稳压二极管的负极，黑表笔连接二极管的正极。

结果判断：

① 管压降值接近 6V，说明稳压二极管性能良好。

② 如果测得的管压降值大于 6V，说明稳压二极管已经开路。

③ 如果测得的管压降值接近 0V，说明稳压二极管已经短路损坏。

知识2 硅稳压管稳压电源电路的分析

硅稳压管稳压电源电路如图 1-4-6 所示。其中 VD_1 是稳压二极管，R_1 是限流电阻，R_2 是负载。由于 VD_1 与 R_2 是并联，所以称并联稳压电路。此电路必须接在整流滤波电路之后，上端为正下端为负。由于稳压管 VD_1 反向导通时两端的电压总保持固定值，所以在一定条件下 R_2 两端的电压值也能够保持稳定。

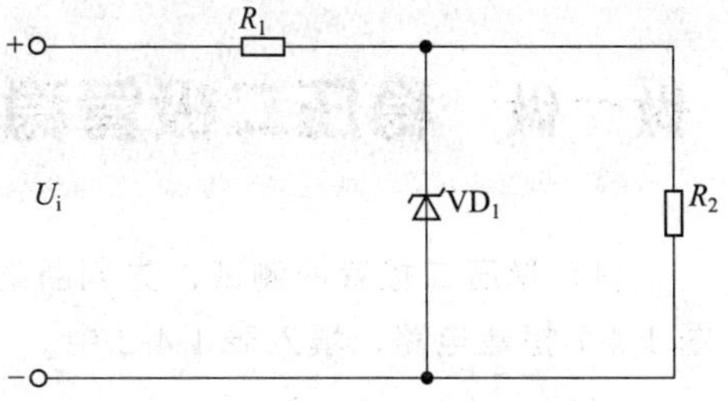

图 1-4-6 硅稳压管稳压电源电路

1. 工作原理

假设输入电压为 U_i，当某种原因导致 U_i 升高时，U_{VD1} 相应升高，由稳压管的特性可知 U_{VD1} 上升很小都会造成 I_{VD1} 急剧增大，这样经过 R_1 上的电流 I_{R1} 也增大，R_1 两端的电压 U_{R1} 会上升，R_1 就分担了极大一部分 U_i 升高的值，U_{VD1} 就可以保持稳定，达到负载上电压 U_{R2} 保持稳定的目的。这个过程可用下面的变化关系表示：

$$U_i \uparrow \to U_{VD1} \uparrow \to I_{VD1} \uparrow \to I_{R1} \uparrow \to U_{R1} \uparrow \to U_{VD1} \downarrow$$

相反的，如果 U_i 下降时，可用下面的变化关系表示：

$$U_i \downarrow \to U_{VD1} \downarrow \to I_{VD1} \downarrow \to I_{R1} \downarrow \to U_{R1} \downarrow \to U_{VD1} \uparrow$$

通过前面的分析可以看出，硅稳压管稳压电路中，VD_1 负责控制电路的总电流，R_1 负责控制电路的输出电压，整个稳压过程由 VD_1 和 R_1 共同作用完成。

2. 元件选择

已知负载电压 U_{R1} 和负载电流 I_{R1} 的情况下，硅稳压管稳压电源的设计。

（1）初选稳压管 VD_1

一般情况下，可以按照 $U_{VD1} = U_{R2}$，$I_{VD1} \approx (I_{R2})_{max}$ 来初步选定稳压管 VD_1；如果负载有可能开路，则应选择 $(I_{VD1})_{max} \approx (2 \sim 3)(I_{R2})_{max}$，这是因为当负载时所有电流全部都会流过 VD_1，所以 I_{VD1} 应该适当选择大一点。

（2）选定输入电压

一般可选择 $U_i = (2 \sim 3)U_{R2}$

（3）选定限流电阻 R_1

$$R_1 = (U_i - U_{R2}) / (I_{VD1} + I_{R2})$$

但是需要考虑两种极限情况：

当 U_i 最大，且负载开路时（即 $I_{R2} = 0$），流过 VD_1 的电流最大。为了不超过 VD_1 的最大允许电流 $(I_{VD1})_{max}$，需要有足够大的电流电阻，否则会烧坏 VD_1。则 R_1 需要满足：

$$R_1 > ((U_i)_{max} - U_{R2}) / I_{D1})_{max}$$

当 U_i 最小，且负载电流最大时，流过 VD_1 的电流最小。为了保证此时 VD_1 能够工作在击穿区起到稳压的作用，要有一定的电流流过 VD_1，一般取 $5 \sim 10$ mA。则 R_1 需要满足：

$$R_1 < ((U_i)_{min} - U_{R2}) / (I_{VD1} + (I_{R2})_{max})$$

限流电阻 R_1 的值应该在上面两个公式的范围内选择。

（4）检查电路稳定度

电路稳定度需要根据实际电路的要求来确定，如果稳定度不够，可以适当增加 R_1 和 U_i，还可以选择动态电阻 r 比较小的稳压管。

做一做 稳压二极管稳压电路的测试

（1）稳压二极管的测试，先判断稳压二极管的正负极性，分别检测它们的稳压值，按照图 1-4-7 搭建电路，填入表 1-4-2 中。

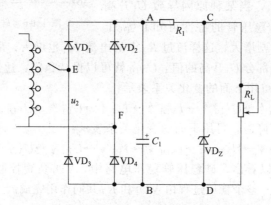

图 1-4-7 稳压二极管稳压电路

表 1-4-2 稳压二极管的判别

	好　坏	稳　压　值
稳压二极管 1		

（2）使用万用表测量负载 R_L 上的输出电压的数值，并记录在表 1-4-3 中，用示波器查看 U_2（E、F 两端），U_{ab}（A、B 两端），U_L（C、D 两端）输出波形。其中 $R_L = 200\,\Omega$，使 U_2 为 6V、12V 和 18V，观察变化，并将数据记录在表 1-4-4 中。

表 1-4-3 输入电压增加变化表

U_2/V	6	12	18
U_L/V			

$U_2 = 12\text{V}$，使 R_L 从 $100\,\Omega$ 开始增加，观察变化，并将数据记录在表 1-4-4 中。

表 1-4-4 R 增加变化表

R 的值	$100\,\Omega$	$200\,\Omega$	$300\,\Omega$	$400\,\Omega$
U_{AB}/V				
U_L/V				

想一想

（1）使用稳压二极管的直流稳压电路输出电压波形 U_L 和输入电压有没有关系？

（2）使用稳压二极管的直流稳压电路输出电压波形 U_L 和负载有没有关系？

（3）使用稳压二极管的直流稳压电路 U_{AB} 的电压与输出电压 U_L 的波形有没有联系？

任务 2　集成稳压电路的分析与测试

现代常见的稳压电源则是用集成稳压器来代替分立元件组成的稳压电路，以维持输出电压基本不变。集成稳压器又叫集成稳压电路，是将串联稳压电源和保护电路集成在一起，将不稳定的直流电压转换成稳定的直流电压的集成电路。采用集成稳压器可减少电子设备的体积及重量，并降低成本。具有输出电流大，输出电压高，体积小，可靠性高等优点，集成稳压器本身不能产生功率，只能控制输入端功率的大小，使输出电压不变，供给负载。近年来，集成稳压电源已得到广泛应用，在电子电路中应用广泛。其中小功率的稳压电源以三端式串联型稳压器（三端为输入端、输出端和公共端）应用最为普遍。

知识 1　三端集成稳压电路及应用

1. 分类

按照输出电压分，可以分为：①固定稳压电路，这类器件的输出电压是预先调整好的；②可调式稳压电路，这类器件可通过调节使输出电压在较大范围内进行变化。

按照输出电压的正负极性可分为输出正电压的稳压器、输出负电压的稳压器。

按照外部结构可分为三端（管脚只有三个）、多端（管脚超过三个），以三端式应用最广，其中以小功率三端集成稳压器应用最广泛。

2. 固定式三端稳压电源

（1）型号命名含义

固定式三端稳压电源型号为 CW78×× （CW79××），其命名的含义如下：

CW——表示稳压电源，同型号稳压电源还有 LM，MC，μA，μPC，TA 等，字母不同只是表示由不同的国家或企业生产，而它们的性能参数、用法是相同的，可以替换。

78——表示输出正电压（79——表示输出负电压）。

××——表示输出电压值，输出电压有 5V、6V、9V、12V、15V、18V、24V 等。

三端集成稳压电源的额定输出电流以 78 或 79 后面所加字母来区分。L 表示 0.1A，M 表示 0.5A，无字母表示 1.5A。例如 CW7805 表示输出电压为正 5V，额定输出电流为 1.5A 的三端集成稳压电源。CW78L12 表示输出正 12V，额定输出电流为 0.1A 的三端集成稳压电源。CW79M06 表示输出负 6V，额定输出电流为 0.5A 的三端集成稳压电源。78.79 系列稳压电源主要参数见表 1-4-5。其外形如图 1-4-8 所示。

表 1-4-5　78、79 系列稳压电源主要参数

参数 类型	型　号	最大输出 电流/A	峰值输出 电流/A	固定输出 电压/V	最高输入 电压/V	最低输 入电压	备　　注
78 系列 正输出	W78××	1.5	3.5	5、6 8、9 12、5 18、24	35	U_o+2V $(U_o<12V$ 时) U_o+3V $(U_o>15V$ 时)	功耗超过 1W 需加散热 片,随功耗的 增加,散热片 的面积、厚度 相应增大
	W78M××	0.5	1.5				
	W78L××	0.1	0.2				
79 系列 负输出	W79××	−1.5	−3.5	−5、−6 −8、−9 −12、−15 −18、−24	−35	$U_o+(-2V)$ $(|U_o|<12V$ 时) $U_o+(-3V)$ $(|U_o|>15V$ 时)	
	W79M××	−0.5	−1.5				
	W79L××	−0.1	−0.2				

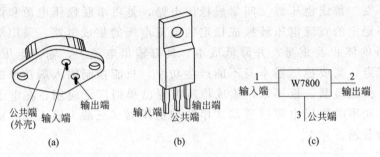

图 1-4-8　三端稳压电源的外形

其中,公共端:COM;输入端:U_i;输出端:U_o。

(2) 封装方式

有金属和塑料两种封装方式,如图 1-4-9 (a) 为 TO-220 (金属壳封装),图 1-4-9 (b) 为 TO-3 (塑料封装)。常见 78 型和 79 型三端集成稳压器的封装和管脚标示如图 1-4-9 所示。

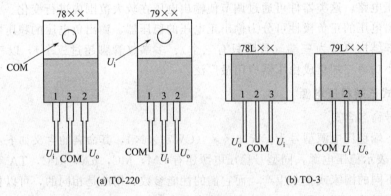

图 1-4-9　常见三端集成稳压器

(3) 工作原理

以 78×× 系列稳压器为例简述集成稳压器的工作原理 (其他稳压器原理基本相同)。一般分立元件组成的稳压器的工作原理如图 1-4-10 所示。假设由于电网电压波动或者负载电阻变化等使输出电压上升,取样电路将这一变化趋势送到比较放大电路与基准电压进行比较,并且将二者的差值进行放大,去控制调整管,使输出电压降低,从而保证输出电压基本稳定。

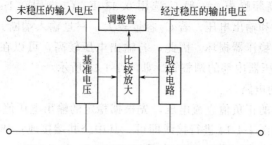

图 1-4-10　分立元件组成的稳压器工作原理

78××系列稳压器的工作原理如图 1-4-11 所示，和图 1-4-10 是十分相似的，不同的是增加了启动电路、恒流源以及各种保护电路。电源接通后，启动电路工作，为恒流源、基准电压、比较放大电路建立工作点（当正常工作后启动电路不起作用）。恒流源的设置，为基准电压和比较放大电路提供了稳定的工作条件，使其不受输入电压的影响，保证三端稳压器能在较大的电压变化范围内正常工作。短路、过流保护电路是由 R_A 与内电路组成，当输出电流超过额定值时，流过 R_A 的电流所产生的压降将超过 0.6 V，内部相关电路导通工作，使调整管输出电流减小。过热保护电路当温度较低时不影响调整管工作，当芯片温度超过临界值时，相关电路工作，控制调整管，使输出电流减小，芯片功耗降低，温度降低，达到过热保护的目的。安全工作区保护电路是当输入电压高于输出电压过多时，相关电路工作从而限制调整管的工作电流，保证它处于安全工作区。R_B 的设置是使稳压电源有合适的静态电流，保证各功能电路在输出空载时也能正常工作。

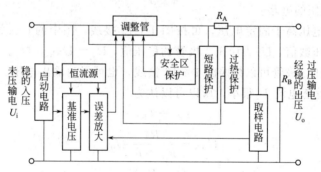

图 1-4-11　78××系列稳压器的工作原理

（4）应用电路

固定电压的三端稳压器的应用主要有三种，一是固定输出正（负）电压的电路，二是同时输出正负电压的电路，三是提高输出电压的电路。

① 输出正电压的三端稳压器的基本应用电路。

如果需要输出稳定的正值直流电压，先根据稳定的输出电压值和最大电流需要选择合适的三端稳压器，按照图 1-4-12 进行接线即可。例：所选三端稳压器为 CW7812，该电路的输出电压就是三端稳压器的标称值 12V，最大输出电流为 1.5A。使用时候要注意，输入与输出端之间的电压不得低于 3V，也就是输入的电压要高于 15V。电路中 C_1 的作用是消除输入连线较长时其电感效应引起的自激振荡，减小纹波电压。在输出端接电

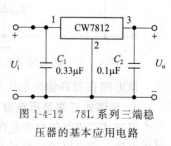

图 1-4-12　78L 系列三端稳压器的基本应用电路

容 C_2 是用于消除电路高频噪声。一般 C_i 选用 $0.33\mu F$，C_o 选用 $0.1\mu F$。选择电容时，耐压应高于电源的输入电压和输出电压。若 C_2 容量较大，一旦输入端断开，C_2 将从稳压器输出端向稳压器放电，易使稳压器损坏。因此，若输出电压较高，可以在 1、3 端接一保护二极管 VD，以保护集成稳压器内部的调整管。如图 1-4-13 所示。

② 输出正负电压的电路。

如果需要输出稳定的正负值直流电压，先根据稳定的输出电压值和最大电流需要选择合适的三端稳压器，按照图 1-4-14 进行接线即可，其中公共端接地；78 系列为固定正压输出，79 系列为固定负压输出。例：图 1-4-14 中采用 CW7815 和 CW7915 三端稳压器各一块组成的具有同时输出 $+15V$、$-15V$ 电压的稳压电路。C_i 和 C_o 的作用同图 1-4-12 中 78L 系列三端稳压器的基本应用电路。

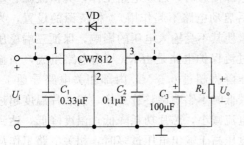

图 1-4-13　加调整管的三端稳压器的基本应用电路

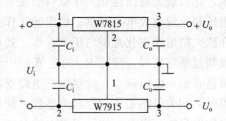

图 1-4-14　同时输出正负电压的三端
稳压器的基本应用电路

③ 提高输出电压的电路。

如果需要输出电压高于固定电压，可按图 1-4-15 接线，图中的 U_{XX} 为 CW7800 系列稳压器的固定输出电压数值，U_Z 为稳压二极管的稳压值，$U_o = U_{XX} + U_Z$。

如果不使用稳压二极管可以按照图 1-4-16 接线，也可提高输出电压。R_1、R_2 为外接电阻。由于稳压器的静态电流 I_Q 很小，所以可以认为

$$I_{R1} = I_{R2}$$

$$U_{XX} = \frac{R_1}{R_1 + R_2} U_o$$

$$U_o = \left(1 + \frac{R_2}{R_1}\right) U_{XX}$$

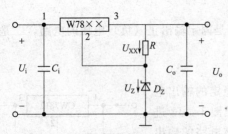

图 1-4-15　提高输出电压的电路一

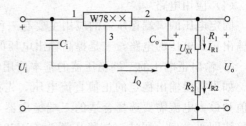

图 1-4-16　提高输出电压的电路二

该电路在提高输出电压 U_o 的同时，也可以通过调节 R_2 与 R_1 的比值去调节 U_o 电压。

3. 可调式三端稳压电源

可调式三端稳压电源是在三端固定式稳压电源基础上发展起来的一种性能更为优异的集成稳压组件。它可以用少量外接元件，实现大范围的输出电压连续调节（调节范围为 $1.25\sim$

37V），应用更为灵活。

（1）型号命名含义

可调式三端稳压电源有输出正电压的 CW117×× 、CW217×× 、CW317×× 系列和输出负电压的 CW137×× 、CW237×× 、CW337×× 系列。同一系列的内部电路和工作原理基本相同，只是工作温度不同（CW117、CW217、CW317 中 CW 后第一个数字 1、2、3 意义如下：1——军品级，为金属外壳或陶瓷封装，工作温度范围 $-55 \sim 150℃$ ；2——工业品级，为金属外壳或陶瓷封装，工作温度范围 $-25 \sim 150℃$ ；3——民品级，多为塑料封装，工作温度范围 $0 \sim 125℃$ ）。同样根据额定输出电流的大小，每个系列又分为 L 型系列（$I_o \leqslant 0.1A$）、M 型系列（$I_o \leqslant 0.5A$），如果不标 M 或 L，则表示该器件的 $I_o \leqslant 1.5A$。W117/W217/W317 在 $I_o = 1.5A$ 的情况下输出电压 $1.2 \sim 37V$。

（2）封装方式

有金属和塑料两种封装方式。图 1-4-17 是三端可调输出集成稳压器的封装图，其中 ADJ 为电压调整端；当输入电压在 $2 \sim 40V$ 范围内变化时，电路均能正常工作，输出端与调整端之间的电压等于基准电压 1.25V。

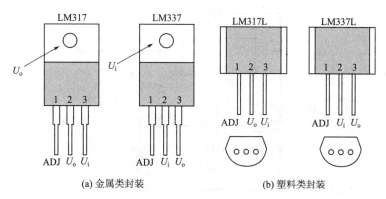

(a) 金属类封装　　　　　　　　　(b) 塑料类封装

图 1-4-17　三端可调输出集成稳压器

（3）应用电路

① 基准电压连接电路。

如果需要输出可调的电压，先根据输出电压值的范围和最大电流需要选择合适的可调三端稳压器。三端可调集成稳压器的基准电压连接电路如图 1-4-18。所选三端稳压器为 CW317，CW317 是正压可调输出的单片集成稳压器，输出电压可设定范围 $1.25 \sim 37V$。$I_o = 1.5A$ 时最小压差 $\leqslant 2.7V$。图 1-4-18 是基准电压电路，它的基准输出电压为 1.25V，1.25V 是 317 稳压器输出端与调整端之间的固定参考电压。它的最大输出电流可达 1.5A，同样电路中 C_1 的作用是消除输入连线较长时其电感效应引起的自激振荡，减小纹波电压。在输出端接电容 C_2 是用于消除电路高频噪声，R 为泄放电阻，一般取值 $120 \sim 240\,\Omega$。

② 三端可调集成稳压器典型应用电路

如果要输出电压可以调节，可将三端可调集成稳压器按照图 1-4-19 连接。输出电压 U_o 可以按照下式计算：

$$U_o = \left(1 + \frac{R_2}{R_1}\right) \times 1.25V$$

因为 R_2 为可调电阻，调节 R_2 的阻值就可以调节输出电压。

在实际应用中考虑到安全性，带保护管的三端可调式稳压器的应用电路如图 1-4-20 所示。一般经 VD_1 和 VD_2，VD_1 防止出现输入端短路时，输出端 C_3 的电荷会通过稳压器反向流入输入端而损坏稳压器。VD_2 的作用是防止输出端对地短路时，C_2 上的电压通过调整端 ADJ 放电，损坏稳压管。C_1 是抗干扰电容，起到削振的作用；C_2 提高纹波抑制比，防止自激；C_3 防止阻尼振荡。

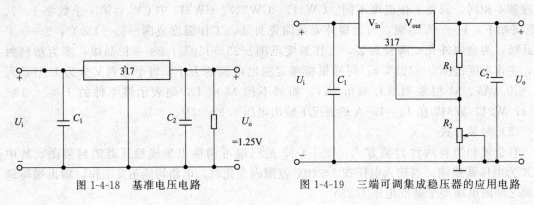

图 1-4-18　基准电压电路　　　　　　图 1-4-19　三端可调集成稳压器的应用电路

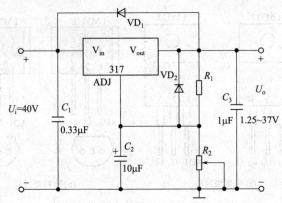

图 1-4-20　带保护管的三端可调式稳压器的应用电路

CW317 的输出端（V_{out}）和调整端（ADJ）之间的固定参考电压 U_{REF} 为 1.25V，即 U_{R1} 最小值为 1.25V。因为 I_d 值很小，只有 100μA 左右，所以 I_d 可以忽略。因为 $U_{R1} = \dfrac{R_1}{R_1+R_2}U_o = 1.25V$，则输出电压 $U_o = 1.25\left(1 + \dfrac{R_2}{R_1}\right)$。

根据负载开路时的要求输出电流不小于 5mA，计算出 R_1 的最大值

$$R_{1max} = \frac{U_{REF}}{5mA} = \frac{1.25}{0.005} = 250\Omega$$

一般固定 R_1，调节 R_2 获得 1.25～37V 的输出电压，根据最大输出电压为 37V，即

$$U_{omax} = 1.25\left(1 + \frac{R_{2max}}{250}\right) = 37V$$

可以计算出 R_2 的最大值：$R_{2max} = 7.15\text{k}\Omega$

知识2　集成稳压器的主要参数

在使用集成稳压器之前需要先了解它的主要工作参数和特性参数。

1. 工作参数

集成稳压器的工作参数是指器件在电路中正常工作时的范围和保证电路正常工作的条件（极限参数）。

（1）最大输入电压 U_{imax}：指稳压器安全工作时允许外加的最大电压。

（2）输出电压 U_o：指稳压器按规定使用时的输出电压。对于固定输出稳压器，它是常数；对于可调式输出稳压器，可通过选择取样电阻而获得的输出电压范围。其最小值受到参考电压 u_{ref} 限制，最大电压则由最大输入电压和最小输入电压差决定。

（3）最小输入输出电压差（$U_i - U_o$）：指使稳压器能正常工作的输入电压与输出电压之间的最小电压差值。

（4）最大输出电流 i_o：稳压器能保持输出电压不变的最大输出电流，也是稳压器的安全电流。

（5）稳压器最大功 p_m：稳压器内部电路的静态功耗和调整元件上的功耗两部分组成，对于大功率稳压器，功耗主要决定于调整管的功耗。稳压器允许功耗与调整管结构、稳压器封装及散热等情况有关。

2. 特性参数

（1）电压调整率 s_v：它表示当输出电流（负载）和环境温度保持不变时，由于输入电压的变化所引起的输出电压的相对变化量。电压调整率有时也用在某一输入电压变化范围内的输出电压变化量表示。该参数表征了稳压器在输入电压变化时稳定输出电压的能力。

（2）电流调整率 s_i：它是指当输入电压和环境温度保持不变时，由于输出电流的变化所引起的输出电压的相对变化量。电流调整率有时也用负载电流变化时输出电压变化量表示。该参数也表示稳压器的负载调整能力。

（3）输出阻抗 z_o：指在规定的输入电压 u_i 和输出电流 i_o 的条件下，在输出端上所测得的交流电压 u 与交流电流 i 之比，即 $z_o = u/i$。

（4）纹波抑制比 s_{rr}：指当输入和输出条件保持不变时，输入的纹波电压峰-峰值与输出的纹波电压峰-峰值之比。该参数表示稳压器对输入端所引入的纹波电压的抑制能力。

（5）输出电压的温度系数 s_p：指在规定温度范围内，当输入电压和输出电流保持不变时，由温度的变化所引起的每单位的变化率。该参数表示稳压器输出电压的温度稳定性。

（6）输出电压长期稳定性 s_t：指当输入电压、输出电流及环境温度保持不变时，在规定的时间内稳压器输出电压的最大相对变化量。

针对稳压电路的质量，常用通常内阻 R_o、稳压系数、温度系数等几个主要指标来衡量。

（1）内阻 R_o。

在输入电压不变时，输出电压的变化量与输出电流的变化量之比称为稳压电路的内阻，用 R_o 表示，即

$$R_o = \frac{\Delta U_o}{\Delta U_i} \bigg|_{U_i = 常数}$$

R_o 愈小承受负载电流变化能力愈强，输出电压愈稳定。

（2）稳压系数

在负载电阻不变时，输出电压的相对变化量与输入电压相对变化量之比称为稳压系数，用 S_r 表示，即

$$S_r = \frac{\Delta U_o / U_o}{\Delta U_i / U_i} \bigg|_{R_L = 常数}$$

稳压系数愈小，稳压效果愈好。

（3）温度系数

电压温度系数 C_{TV} 指温度每升高 1℃ 时，稳定电压的相对变化量，即

$$C_{TV} = \frac{\Delta U_Z / U_Z}{\Delta T} \times 100\%$$

想一想

（1）稳压器的工作参数和特性参数分别体现了稳压器的哪些特性？

（2）稳压器的特性参数和稳压电路的质量评价参数有没有关系，有什么样的关系？

模块 5　简单直流稳压电源的制作与测试

1. 电路简单的工作原理

如图 1-5-1 所示，该电路由变压、整流、滤波、稳压四部分组成，将克服由于电网电压波动（或者负载的电流变化）引起的输出电压的波动，保证输出整流电源的平滑和稳定。

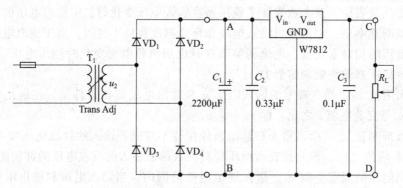

图 1-5-1　简单直流稳压电源电路

（1）变压。选择的是电源变压器 220V/（0～24V）。将 220V 民用交流电转化为 0～24V 的实验用交流电（即为变压器二次绕组电压 U_2 的有效值）。如果没有可调变压器，可以使用 2～3 个小型固定变压器，如 220V/18V、220V/20V、220V/24V 等。

（2）整流。由 VD₁～VD₄ 构成桥式整流电路，将 18V 的交流电转化为全波脉动直流电，此时输出的直流电压平均值约为 $0.9U_2$。

（3）滤波。为了减少整流后电压的波动，减少直流纹波，在这里选择了电容滤波电路。滤波的基本原理是把对交流阻抗大的元件（如电感、电阻）与负载串联，以降落较大的纹波电压，而把对交流阻抗小的元件（如电容）与负载并联，以旁路较大的纹波电流。

（4）稳压。本电路是利用三端稳压器进行稳压。若电源电压发生波动或其他原因造成电路中各点电压变动时，负载两端的电压将基本保持不变。

2. 安装与调试步骤

（1）核对元器件的型号和数量，并用万用表检测元器件的质量，分析元器件在电路中的功能和作用，并填写表 1-5-1。

表 1-5-1　简单直流稳压电源电路元器件表

序　　号	名称型号、规格	数　量	配件图号	测 量 结 果	元 件 功 能
1	可调变压器 220V/0～24V	1	T_1		
2	IN4007	4	$VD_1 \sim VD_4$		
3	2200 μF	1	C_1		
4	0.33 μF	1	C_2		
5	0.1 μF	1	C_3		
6	100k Ω	1	R_L		
7	W7812	1	U_1		

（2）要求在计算机上设计出简单直流电源的线路板安装图，并在多孔板上进行标注；按照装配工艺要求（元件的安装顺序一般为先高后低，先轻后重，先易后难，先一般元器件，后特殊元器件，连接线要横平竖直，转角要求 90°），在多孔板上进行元器件的装配与焊接。

集成稳压器使用时应注意以下 3 点：

① 在接入电路之前，一定要分清引脚及其作用，避免接错时损坏集成块。输出电压大于 6V 的三端集成稳压器的输入、输出端需接保护二极管，可防止输入电压突然降低时，输出电容迅速放电引起三端集成稳压器的损坏（自己选择保护二极管并在设计图上加上）。

② 为确保输出电压的稳定性，应保证最小输入输出电压差。如三端集成稳压器的最小压差约 2V，一般使用时压差应保持在 3V 以上。同时又要注意最大输入输出电压差范围不超出规定范围。

③ 使用时，要焊接牢固可靠。对要求加散热装置的，必须加装符合要求尺寸的散热装置。

（3）调试电路，并记录、计算相关参数。

其中 $R_L = 1k\ \Omega$，使从 V_2 为以下数值，观察变化，并将数据记录在表 1-5-2 中。

表 1-5-2　电压增加变化表

V_2 输入值/V	18	20	24
U_{RL} 输出值/V			

$U_i = 20V$，使 R_L 从 100 Ω 开始增加，观察变化，并将数据记录在表 1-5-3 中。

表 1-5-3　R 增加变化表

R 的值	100 Ω	500 Ω	1k Ω	10k Ω	50k Ω	100k Ω
V_2 输入值/V						
U_{RL} 输出值/V						

3. 分析电路原理，并回答下列问题

（1）在桥式整流电路实训中，能否用双踪示波器同时观察 u_2 和 u_L 波形，为什么？

（2）在桥式整流电路中，如果某个二极管发生开路、短路或反接三种情况，将会出现什么问题？

（3）为了使稳压电源的输出电压 $U_o = 12V$，则稳压器 W7812 的输入电压的最小值应等于多少？交流输入电压的次级 U_2 又怎样确定？

(4) 当稳压电源输出不正常，达不到需要的电压的时候，应如何进行检查找出故障所在？

(5) 怎样提高稳压电源的性能指标？

 **练习题**

1.1 稳压电源电路中，整流的目的是（　　）。

A. 将交流变为直流　　　　B. 将高频变为低频

C. 将正弦波变为方波　　　D. 将交、直流混合量中的交流成分滤掉

1.2 二极管的耐压是指（　　）。

A. 最高反向工作电压　　B. 击穿电压　　　C. 整流电压

1.3 二极管的最高反向工作电压是 100V，它的击穿电压是（　　）。

A. 50V　　　　　　　B. 100V　　　　　C. 150V　　　　　D. 200V

1.4 变压器副边电压有效值为 40V，桥式整流二极管承受的最高反向电压为（　　）。

A. 20V　　　　　　　B. 40V　　　　　C. 56.6V　　　　D. 80V

1.5 单相桥式整流电容滤波电路输出电压平均值 U_o＝（　　）U_2。

A. 0.45　　　　　　　B. 0.9　　　　　C. 1.2

1.6 在单相桥式整流电容滤波电路中，若有一只整流管接反，则（　　）。

A. 变为半波整流　　　　　B. 并接在整流输出两端的电容 C 将过压击穿

C. 输出电压约为 $2U_D$　　　D. 整流管将因电流过大而烧坏

1.7 稳压二极管是一个可逆击穿二极管，稳压时工作在（　　）状态，但其两端电压必须（　　），它的稳压值 U_z 才有导通电流，否则处于（　　）状态。

A. 正偏　　　　　B. 反偏　　　　　C. 大于　　　　　D. 小于

E. 导通　　　　　F. 截止

1.8 稳压二极管是利用 PN 结的（　　）。

A. 单向导电性　　　　B. 反向击穿性　　　C. 电容特性

1.9 用一只直流电压表测量一只接在电路中的稳压二极管的电压，读数只有 0.7V，这表明该稳压管（　　）。

A. 工作正常　　　　　B. 接反　　　　　C. 已经击穿　　　D. 无法判断

1.10 两个稳压二极管，稳压值分别为 7V 和 9V，将它们组成如题 1.10 图所示电路，设输入电压 U_i 值是 20V，则输出电压 U_o＝（　　）。

A. 20V　　　　　　　B. 7V　　　　　C. 9V　　　　　D. 16V

1.11 两个稳压二极管，稳压值分别为 7V 和 9V，将它们用于题 1.11 图所示电路。设输入电压 U_i 值是 20V，则输出电压 U_o 为（　　）。

A. 0.7V　　　　　　　B. 7V　　　　　C. 9V　　　　　D. 20V

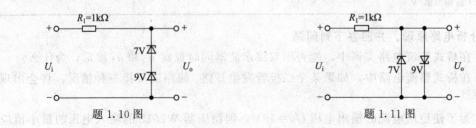

题 1.10 图　　　　　　　　　　　　　题 1.11 图

1.12 若要求输出电压 U_o＝9V，则应选用的三端稳压器为（　　）。

A. W7809　　　　　　　　B. W7909　　　　　　C. W7912　　　　D. W7812

1.13　若要求输出电压 $U_。=-18V$ ，则应选用的三端稳压器为（　　）。

A. W7812　　　　　　　　B. W7818　　　　　　C. W7912　　　　D. W7918

1.14　三端集成稳压器 W79L18 的输出电压、电流等级为（　　）。

A. 18V/500mA　　　　　B. 18V/100mA　　　C. $-18V/500mA$ D. $-18V/100mA$

1.15　直流稳压电源一般由变压器电路、＿＿＿＿＿＿＿、＿＿＿＿＿＿＿＿＿及稳压电路四部分组成。

1.16　在直流稳压电路中，变压电路的目的是＿＿＿＿＿＿＿＿；整流电路是利用整流二极管的＿＿＿＿＿＿＿＿性使交流电变为脉动直流电。

1.17　滤波电路主要由＿＿＿＿、＿＿＿＿等储能元件组成，用来滤除整流电路输出中的＿＿＿＿＿＿，其中，＿＿＿＿滤波适合于大电流（大功率）电路，而＿＿＿＿滤波适用于小电流电路。

1.18　晶体二极管加一定的＿＿＿＿电压时导通，加＿＿＿＿电压时＿＿＿＿，这一导电特性称为二极管的＿＿＿＿特性。

1.19　半导体二极管导通后，正向电流与正向电压呈＿＿＿＿关系，正向电流变化较大时，二极管两端正向压降近似于＿＿＿＿，硅管的正向压降为＿＿＿＿ V，锗管约为＿＿＿＿ V。

1.20　稳压电源的稳压电路按照调整的工作状态可分为＿＿＿＿型和＿＿＿＿型两种。

1.21　现有两个硅稳压管，稳压值为 $U_{Z1}=7.3V$ ，$U_{Z2}=5V$ ，若用于稳定电压为 8V 电路，则可把 VD_{Z1} 和 VD_{Z2} 串接，VD_{Z1} 应＿＿＿＿偏置，VD_{Z2} 应＿＿＿＿偏置。

1.22　三端稳压器因有＿＿＿＿、＿＿＿＿、＿＿＿＿三个端而得名。三端集成稳压器 CXX7906 的输出电压是＿＿＿＿ V。三端集成稳压器 CW7912 的输出电压是＿＿＿＿ V。

1.23 写出题 1.23 图所示各电路的输出电压值，设二极管导通电压 $U_{VD}=0.6V$ 。

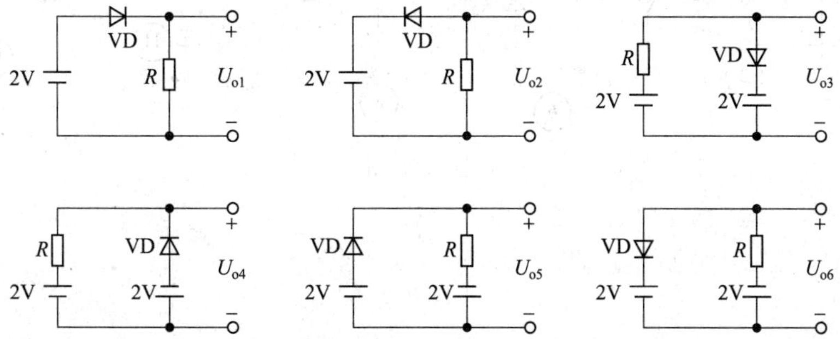

题 1.23 图

1.24　如题 1.24 图所示的电路中，已知 $u_i=30\sin\omega t\,V$ ，二极管的正向压降可忽略不计，试画出输出电压的波形。

1.25　如题 1.25 图所示的电路图中，$E=5V$ ，$u_i=10\sin\omega t\,V$ ，二极管的正向压降可忽略不计，试画出输出电压 $u_。$ 的波形。

1.26　如题 1.26 图所示电路中，试求下列几种情况下输出端电位 V_Y 及各元件中通过的电流：（1）$V_A=+10V$ ，$V_B=0V$ ；（2）$V_A=+6V$ ，$V_B=+5.8V$ 。

1.27　如题 1.27 图所示电路，稳压管 $U_Z=6V$ ，$I_{Z_{min}}=5mA$ ，$I_{Z_{max}}=25mA$ ，$R_L=500\Omega$ ，$R=1k\Omega$ ，二极管为硅管。

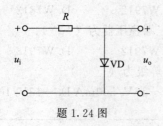

题 1.24 图

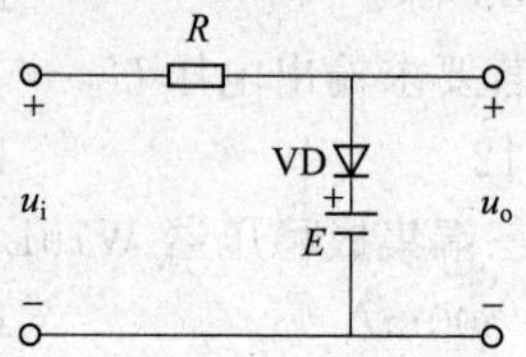

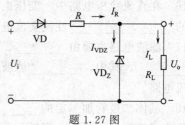

题 1.25 图

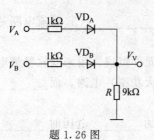

题 1.26 图

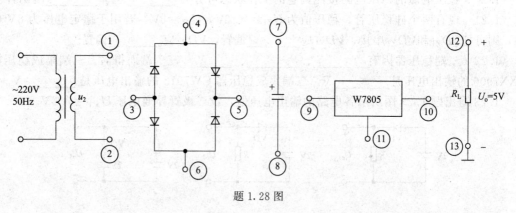

题 1.27 图

（1）计算 U_i 为 25V 时输出电压 U_o 的值。

（2）若 $U_i = 40$V 时负载开路，则会发生什么现象？

1.28 电路如题 1.28 图所示。已知 U_2 有效值足够大，合理连线，构成 5V 的直流电源电路。

题 1.28 图

项目二 彩灯声控控制电路的制作与测试

项目分析 彩灯声控控制电路

在现实生活中，随着经济的迅速发展，人们需要进一步提高生活质量、美化生活环境，利用各种彩灯来装饰美化已称为一种时尚。声控闪光灯是指 LED 彩灯能随着输入音乐信号的变化而变化的一种控制电路，能使 LED 彩灯随声音节奏的起伏有规律的闪烁，起到美化音响环境、烘托气氛的作用。它可用来装饰各种室内厅堂，如 KTV 包房、舞厅、展览室及广告橱窗等各种需要烘托气氛的娱乐场所。声控电路使用十分方便，运用于音乐喷泉，可以根据音乐的起伏而变化，使喷泉的造型及灯光的变化与音乐保持同步，从而达到喷泉水型、灯光及色彩的变化与音乐情绪的完美结合，使喷泉表演更加富有内涵，实现音乐、水、灯光气氛统一。具体应用如图 2-0-1 所示。

(a) 音乐喷泉

(b) 声控玩具灯

图 2-0-1 声控彩灯应用

本项目主要分析和测试一种彩灯声控控制电路，即用声音或音乐控制 LED 彩灯的亮灭，通过驻极体话筒将声音或音乐转化成电信号，通过音乐或声音的强弱变化控制彩灯的亮度强弱，从而完成音乐或声音控制彩灯的设计。框图如图 2-0-2 所示，电路图如图 2-0-3 所示。

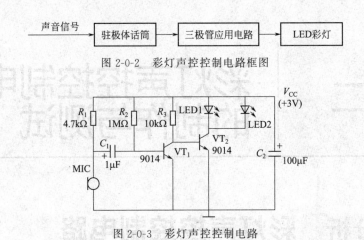

图 2-0-2 彩灯声控控制电路框图

图 2-0-3 彩灯声控控制电路

模块 1 放大电路的认识

1. 放大的概念

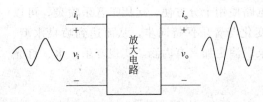

图 2-1-1 放大电路的放大功能

如图 2-1-1 所示，放大的本质是实现能量的控制，即能量的转换：用能量比较小的输入信号来控制另一个能源，使输出端的负载上得到能量比较大的信号；放大的对象是变化量；放大的特征是功率放大，即负载上总是获得比输入信号大得多的电压或电流，有时兼而有之；放大的前提是信号不失真，即只有在不失真的情况下放大才有意义。

2. 放大电路的组成原则

放大电路能够将一个微弱的交流小信号（叠加在直流工作点上），通过一个装置（核心为三极管、场效应管），得到一个波形相似（不失真），但幅值却大很多的交流大信号的输出。实际的放大电路通常是由信号源、晶体三极管构成的放大器及负载组成。组成放大电路必须遵循以下几个原则：

（1）外加直流电源的极性必须使三极管的发射结正向偏置，而集电结反向偏置，以保证三极管工作在放大区。

（2）输入回路的接法应该使输入电压的变化量 Δu_i 能够传送到三极管的基级回路，并使基极电流产生相应的变化量 Δi_B。

（3）输出回路的接法应使集电极电流的变化量 Δi_C 能够转化为集电极电压的变化量 ΔU_{ce}，并传送到放大电路的输出端。

3. 放大电路的特点

（1）有静态和动态两种工作状态，所以有时往往要画出它的直流通路和交流通路才能进行分析。

（2）电路往往加有负反馈，这种反馈有时在本级内，有时是从后级反馈到前级，所以在分析这一级时还要能"瞻前顾后"。在熟悉每一级的原理之后就可以把整个电路串通起来进行全面综合。

4. 放大电路的分类

根据放大电路的作用可以将其分为：电压放大电路、电流放大电路和功率放大电路。前两种又称为小信号前置放大电路。根据放大电路的组成元件可以分为晶体管放大电路和场效应管放大电路。

晶体管放大电路的基本形式有三种：共射放大电路，共基放大电路和共集放大电路。场效应管放大电路基本形式有两种：共源放大电路，共漏放大电路。在构成多级放大器时，这几种电路常常需要相互组合使用。

5. 放大电路的主要性能指标（图 2-1-2）

（1）放大倍数 A_u、A_i

衡量放大电路对信号放大能力的主要技术参数。工程上，常用分贝（dB）表示放大倍数，称为增益。

① 电压放大倍数 A_u：放大电路输出电压与输入电压的比值。

$$\text{电压增益} = 20\lg|A_u| \ (\text{dB})$$

$$A_u = \frac{u_o}{u_i}$$

② 电流放大倍数 A_i：放大电路输出电流与输入电流的比值

$$\text{电流增益} = 20\lg|A_i| \ (\text{dB})$$

$$A_i = \frac{i_o}{i_i}$$

（2）输入电阻 R_i

如图 2-1-3 所示，从放大电路输入端看进去的等效电阻。

$$R_i = \frac{u_i}{i_i} \qquad u_i = \frac{R_i}{R_i + R_S} u_S$$

其中 u_S、R_S 为信号源的电压和信号源内阻。

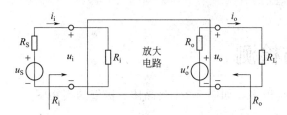

图 2-1-2　放大电路的四端网络

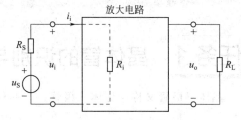

图 2-1-3　放大电路的输入电阻

对于一定的信号源电路，输入电阻 R_i 越大，放大电路从信号源得到的输入电压 u_i 就越大，放大电路向信号源索取电流也就越小。

（3）输出电阻 R_o

如图 2-1-4 所示，从放大电路输出端向左看，相当于存在内阻 R_o。

$$R_o = \frac{\dot{U}_o}{\dot{I}_o}\bigg|_{R_L=\infty,\ U_S=0}$$

输出电阻 R_o 的大小决定了放大电路的带负载能力。

R_o 越小，放大电路的带负载能力越强，即放大电路的输出电压 u_o 受负载的影响越小。

（4）通频带

如图 2-1-5 所示，放大电路所需的通频带由输入信号的频带确定。A_m 是中频放大倍数。

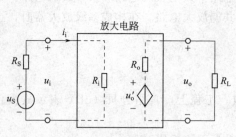

图 2-1-4　放大电路的输出电阻

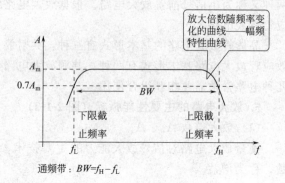

放大倍数随频率变化的曲线——幅频特性曲线

通频带：$BW=f_H-f_L$

图 2-1-5　放大电路的通频带

想一想

（1）模拟电子电路中，诸多的电路都是以放大电路作为基础的，电路中为什么要放大部分？

（2）放大电路中的放大对象是什么？放大的本质特征是什么？对放大电路的要求是什么？

（3）放大电路应如何分析？

模块 2　晶体管的认识

任务 1　晶体管的识别与检测

晶体三极管又称半导体三极管。它的种类极多，如图 2-2-1 是晶体三极管的实物图。

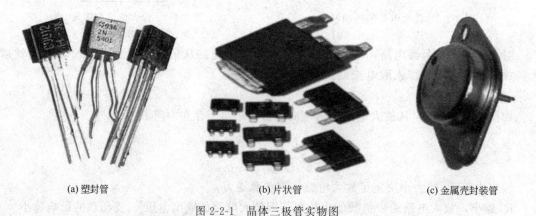

(a) 塑封管　　　　　　　　　　(b) 片状管　　　　　　　　　　(c) 金属壳封装管

图 2-2-1　晶体三极管实物图

1. 三极管的结构与符号

按 PN 结的组合方式有 PNP 型和 NPN 型，其符号也有所不同，如图 2-2-2 所示。

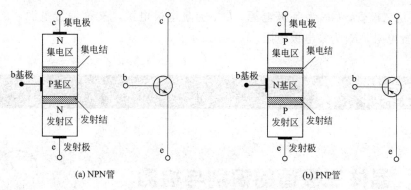

(a) NPN管　　　　　　　　　　(b) PNP管

图 2-2-2　晶体三极管的符号

2. 三极管内部结构

三极管由两个 PN 结、三个区组成，这三个区分别称为发射区、基区、集电区。各区引出一个电极相应地称为发射极、基极、集电极。分别用小写字母 e、b、c 表示。两个 PN 结分别为发射结和集电结发射区与基区交界处的 PN 结称为发射结，记作 BE 结，集电区域基区交界处的 PN 结称为集电结，记作 BC 结。图 2-2-2 中发射极的箭头表示发射结加正偏电压时的电流方向，NPN 型三极管发射极箭头应指向管外（由基区指向发射区）；PNP 型三极管发射极的箭头应指向管内（由发射区指向基区）。

一个完好的三极管在制造时必须满足以下条件：

（1）发射区掺杂浓度最大，它的作用是发射载流子。

（2）基区必须做得很薄（微米级），掺杂浓度很小，它的作用是传输和控制载流子。

（3）集电区要做得体积最大，它的作用是收集载流子。

基于上述特点，可知三极管并不是两个 PN 结的简单组合，它不能用两个二极管代替，也不可以将发射极和集电极颠倒使用。

3. 晶体三极管的分类

晶体三极管有多种分类方法，例如，以内部三个区的半导体类型分类，有 NPN 型和 PNP 型；以工作频率分类，有低频管和高频管；以功率分类，有小功率管、中功率管和大功率管；以用途分类，有普通管和开关管等；以半导体材料分类，有锗管和硅管等。

4. 晶体三极管的工作电压

三极管工作时，通常在它的发射结加正向电压，集电结加反向电压。因此，NPN 型三极管的发射极电位低于基极电位，如图 2-2-3(a) 所示；PNP 型三极管则相反发射极电位高于基极电位，如图 2-2-3(b) 所示。可以看出两类管子的外部电路所接电源极性正好相反。加在基极和发射极之间的电压叫偏置电压，一般硅管在 0.5～0.8V，锗管在 0.1～0.3V。加在集电结和基极之间电压一般是几伏到几十伏。

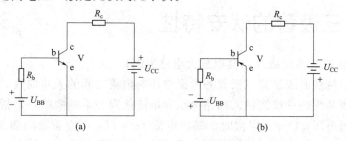

(a)　　　　　　　　　　(b)

图 2-2-3　三极管电源的接法

其中 V 是三极管，U_{BB} 为基极电源，U_{CC} 为集电极电源，又称偏置电源，R_b 为基极电阻，又称偏置电阻，R_c 为集电极电阻。

任务实施

做一做　晶体三极管的识别与检测

（1）三极管的识别：准备三种不同型号的三极管，根据三极管的型号查半导体器件手册，了解三极管的性能指标，将其主要参数填入表 2-2-1 中。

表 2-2-1　三极管的主要参数

型　　号	I_{CM}/mA	P_{CM}/mW	U_{CEO}/V	I_{CEO}/μA	h_{FE}

（2）NPN 和 PNP 型三极管及其基极、集电极、发射极的识别

① 判定基极。用万用表 R×100 或 R×1k 挡测量三极管三个电极中每两个极之间的正、反向电阻值。当用第一根表笔接某一电极，而第二表笔先后接触另外两个电极均测得低阻值时，则第一根表笔所接的那个电极即为基极 b。这时，要注意万用表表笔的极性，如果红表笔接的是基极 b，黑表笔分别接在其他两极时，测得的阻值都较小，则可判定被测三极管为 PNP 型管；如果黑表笔接的是基极 b，红表笔分别接触其他两极时，测得的阻值较小，则被测三极管为 NPN 型管。

② 判定集电极 c 和发射极 e。（以 PNP 为例）将万用表置于 R×100 或 R×1k 挡，红表笔接触基极 b，用黑表笔分别接触另外两个管脚时，所测得的两个电阻值会是一个大一些，一个小一些。在阻值小的一次测量中，黑表笔所接管脚为集电极；在阻值较大的一次测量中，黑表笔所接管脚为发射极。

任务 2　晶体三极管的特性

知识 1　三极管的伏安特性

1. 三极管的伏安特性曲线（以共射放大电路为例）

三极管的伏安特性曲线是指三极管各电极电压与电流之间的关系曲线。

输入特性曲线是反映三极管输入回路电压和电流之间关系的曲线，是指集电极和发射极之间的电压（输出电压）U_{CE} 为定值时，基极电流 I_B 与 U_{BE} 对应关系的曲线。如图 2-2-4 所示。因为发射结相当于一个二极管，所以输入特性与二极管的输入特性相似，也是非线性关

系，同样存在着死区和正向工作区。从输入特性曲线可以看出，当 U_{BE} 较小时，这段区域称为死区，硅管的死区约为 0.5V，锗管的死区电压为 0.1V。当 U_{CE} 大于死区电压时，半导体三极管才有 I_B。在正常工作时，硅管的 U_{BE} 为 0.6～0.7V，锗管的 U_{BE} 为 0.2～0.3V。

输出特性曲线是反映三极管输出回路电压与电流关系的曲线，是指基极电流 I_B 为某一定值时，集电极电流 I_C 与集电极电压 U_{CE} 之间的关系，如图 2-2-5 所示。

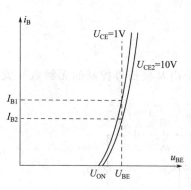

图 2-2-4 输入特性曲线

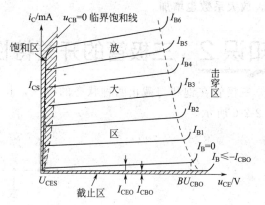

图 2-2-5 输出特性曲线

根据它的输出特性曲线图，输出特性可分为三个区：

（1）截止区：$I_B \leq 0$ 时，此时的集电极电流 I_C 为基极开路时从发射极到集电极的反向截止电流，称为穿透电流，用 I_{CEO} 表示，近似为零。此时半导体三极管处于截止状态，管子的集电极电压等于电源电压，两个结（集电结、发射结）均反偏。

（2）饱和区：在饱和区，半导体三极管失去电流放大作用。半导体三极管饱和时 CE 间的电压称为饱和压降，用 U_{CES} 表示。硅管的饱和压降 U_{CE} 约为 0.3V，锗管的饱和压降 U_{CE} 约为 0.1V。当半导体三极管工作在饱和状态时，为此时两个结（集电结、发射结）均处于正向偏置。

（3）放大区：在放大区，各条输出特性曲线较平坦，当 I_B 一定时，I_C 的值基本上不随 U_{CE} 变化而变化，且 I_C 只受 I_B 控制，即 $I_C = \beta I_B$，此时发射结正向偏置，集电结反向偏置。

2. 三极管的主要参数

三极管的参数是用来评价三极管质量的好坏和选用三极管的重要依据，也是计算和调整电路不可缺少的数据。

（1）共发射极电流放大系数 有共发射极直流放大系数 $\bar{\beta}$ 和共发射极交流放大系数 β。$\bar{\beta}$ 是指在无输入信号（静态）时，集电极电流与基极电流的比值，即 $\bar{\beta} = I_C / I_B$。β 是指有输入信号（动态）时，集电极电流变化量与基极电流变化量之比，即 $\beta = \Delta I_C / \Delta I_B$。近似计算时，可认为 $\bar{\beta} = \beta$，主要表征三极管电流放大能力。

（2）极间的反向电流

① 集电极-基极的反向饱和电流 I_{CBO}。I_{CBO} 是指发射极开路时，集电极和基极之间的电流。在一定温度下，I_{CBO} 数字很小，基本是个常数。I_{CBO} 受温度的影响很大，温度升高，I_{CBO} 增加。一般小功率锗管的 I_{CBO} 为几微安；硅管的 I_{CEO} 要更小一些，可达到纳安级，因此硅管的热稳定性比锗管好。

② 集电极和发射极之间的穿透电流 I_{CEO}。I_{CEO} 是指基极开路时，集电极流向发射极的电流，有 $I_{CEO} = (1 + \beta) I_{CBO}$。当温度升高时，$I_{CBO}$ 增加，则 I_{CEO} 增加更快，对半导体三极

管的工作影响更大，因此 I_{CEO} 是衡量管子质量好坏的重要参数，其值越小越好。

半导体三极管工作在放大区并考虑穿透电流时，有集电极电流 $I_C = \beta I_B + I_{CEO}$。

3. 温度对三极管的影响

由于半导体的载流子受温度影响，因此三极管的参数受温度影响，温度上升，输入特性曲线向左移，基极的电流不变，基极与发射极之间的电压降低，输出特性曲线上移。温度升高，放大系数也增加。

知识2 三极管的开关特性

三极管在饱和与截止两种状态的特性，相当于一个由基极信号控制的无触点开关。如图 2-2-6 所示。

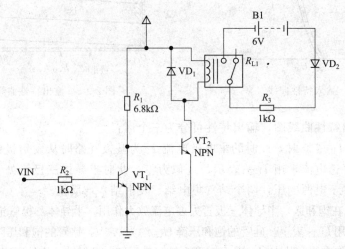

图 2-2-6　三极管应用电路

图中，R_{L1} 为继电器电路，继电器线圈作为集电极负载而接到集电极和正电源之间。当输入为 0V 时，三极管截止，继电器线圈无电流流过，则继电器释放（OFF），灯灭；相反，当输入为高电平时，三极管饱和，继电器线圈有相当的电流流过，则继电器吸合（ON），灯亮。

当输入电压由变+V_{CC} 为 0V 时，三极管由饱和变为截止，这样继电器电感线圈中的电流突然失去了流通通路，若无续流二极管将在线圈两端产生较大的反向电动势，极性为下正上负，电压值可达一百多伏，这个电压加上电源电压作用在三极管的集电极上足以损坏三极管。故续流二极管的作用是将这个反向电动势通过其放电，使三极管集电极对地的电压最高不超过+V_{CC}+0.7V。

任务实施

做一做　测试三极管电路电压传输特性

按照图 2-2-7 连接电路，U_{CC} 接通 5V 直流电源。调节电位器 R_P 使三极管基极与发射极

间的输入电压 U_i 逐渐增大。采用逐点测量法用万用表分别测量三极基极与发射极间的电压 U_{BE}，输出电压 U_o，将结果记于表 2-2-2 中，并计算出基极、集电极电压、电流放大倍数以及电压放大倍数，也填入表 2-2-2 中。

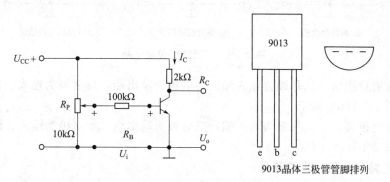

图 2-2-7　比较放大电路

表 2-2-2　三极管电压传输特性

$U_{CC}=$ ＿＿＿＿＿＿ V, $R_C=$ ＿＿＿＿＿＿ kΩ, 三极管型号：＿＿＿＿＿＿

U_i/V	0.50	0.60	0.70	0.90	1.00	1.10	1.20	1.40	1.60	1.80	2.00	3.00	4.00	5.00
U_{BE}/V														
U_o/V														
U_{BC}/V														
I_C/mA														
I_B/μA														
β														
A_u														

模块 3　三极管基本应用电路的分析及测试

任务 1　三种基本组态放大电路的认识

知识 1　三种组态的放大电路的认识

1. 三种组态放大电路

三极管有三个电极，通常用其中两个电极分别作输入、输出端，第三个电极作为公共端，这样可以构成输入和输出两个回路。根据输入、输出回路和公共端接入电路的电极不同，可以分为三种基本接法，如图 2-3-1 所示。

（1）共基极接法。以发射极为输入端，集电极为输出端，基极为输入、输出两个回路的共同端，如图 2-3-1(a) 所示。

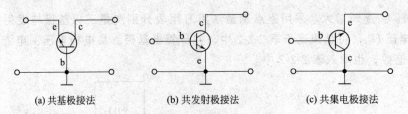

(a) 共基极接法   (b) 共发射极接法   (c) 共集电极接法

图 2-3-1　三极管的接法电路

（2）共发射极接法。以基极为输入端，集电极为输出端，发射极为输入、输出两回路的公共端，如图 2-3-1(b) 所示。

（3）共集电极接法。以基极为输入端，发射极为输出端，集电极为输入、输出两回路的共同端，如图 2-3-1(c) 所示。

2. 放大电路的电压、电流符号

直流分量用大写字母和大写下标表示，如 I_B、I_C、I_E、U_{BE}、U_{CE}。

交流分量用小写字母和小写下标表示，如 i_b、i_c、i_e、u_{be}、u_{ce}。

交直流叠加瞬时值用小写字母和大写下标表示，如 i_B、i_C、i_E、u_{BE}、u_{CE}。

3. 共射极放大电路

共射极放大电路包括固定式共射极放大电路和分压式共射极放大电路这两种。如图 2-3-2 所示。其中，分压式共射极放大电路是固定式共射极放大电路的改进电路。

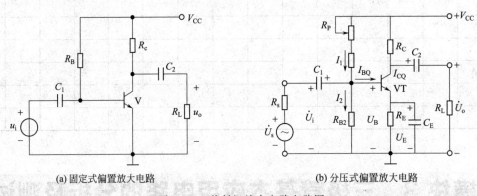

(a) 固定式偏置放大电路   (b) 分压式偏置放大电路

图 2-3-2　共射极放大电路电路图

以图 2-3-2(a) 为例，共射极放大电路的放大原理如下所述：电源 V_{CC} 通过偏置电阻 R_B 提供 U_{BEQ}，基-射极间电压为交流信号 u_i 与直流电压 U_{BEQ} 的叠加，如图 2-3-3(a) 波形所示，基极电流 i_B 产生相应的变化，如图 2-3-3(b) 所示。

I_B 电流经放大后获得对应的集电极电流 i_C，如图 2-3-3(c) 所示。I_C 电流大时，负载电阻 R_C 的压降也相应大，使集电极对地的电位降低；反之 i_C 电流变小时，集电极对地的电位升高。因此集-射极间的电压 u_{CE} 波形与 i_C 变化情况正相反，如图 2-3-3(d) 所示。集电极的信号经过耦合电容 C_2 后隔离了直流成分 U_{CEQ}，输出的只是放大信号的交流成分，波形如图 2-3-3(e) 所示。

综上所述，在共射极放大电路中，输出电压 u_o 与输入信号电压 u_i 频率相同，相位相反，幅度得到放大，因此这种单级的共发射极放大电路通常也称为反相放大器。

4. 共集和共基极放大电路

（1）共集电极放大电路

将共射电路的集电极电阻接到射极与地之间，输出信号从射极与地之间取出，这就构成共集电极电路，如图 2-3-4 所示。因为集电极是输入、输出回路的公共端，所以被称为共集电极电路，因为信号从发射极输出，又被称为射极输出器。共集电极电路电压放大倍数 $A_u \approx 1$，且输入与输出信号同相，输出电压跟随输入电压，故称电压跟随器。而射极输出器的输入电阻较高，输出电阻很小，带负载能力强。因此，射极输出器常作多级放大器的第一级或最后级，也可以做中间级。用做输入级时，其较高的输入电阻可以减轻信号源的负担，提高放大器的输入电压。用做输出级时，其较低的输出电阻可以减少负载变化对输出电压的影响，并易于与低阻值负载匹配，向负载传送尽可能大的功率。做中间级时，起到缓冲放大及匹配作用。

（2）共基极放大电路

如图 2-3-5 所示为共基极放大电路，基极为交流信号输入和输出的公共端。共基极放大器的电压放大倍数与共射极电路相同，但为正值，即输出电压与输入电压同相。共基极放大器没有电流放大能力。

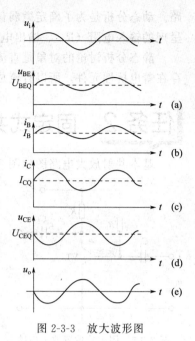

图 2-3-3　放大波形图

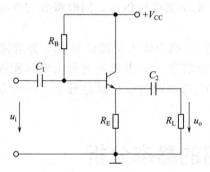

图 2-3-4　共集电极放大电路

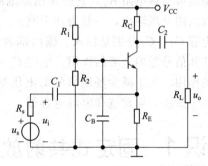

图 2-3-5　共基极放大电路

共基极电路具有输入电阻小而输出电阻大的特点。共基极电路主要用于高频或宽频带电路。

知识 2　放大电路的分析方式

放大电路的分析包括静态分析和动态分析两种方式。

（1）静态：没有输入信号（$u_i = 0$）时工作状态。进行静态分析之前，通常要画出该电路的直流通路。此时电路在直流电源 V_{CC} 作用下，三极管的各极电流 I_B、I_C、I_E 以及各极之间电压 U_{BE}、U_{CE} 等都是直流量，其值为静态值，以 I_{BQ}、I_{CQ}、U_{BEQ}、U_{CEQ} 表示。它们在三极管特性曲线上所确定的点称为静态工作点，用 Q 表示。可用估算法和图解法进行分析，判定 Q 点是否处于合适的位置是确定三极管不失真放大的前提条件。

（2）动态：有信号输入后的工作状态。进行动态分析之前，通常要画出该电路的交流通路。动态分析是为了确定微弱信号经过电路放大了多少倍（A_u）以及放大器对交流信号所呈现的输入电阻（R_i）、输出电阻（R_o）等。

静态分析讨论的对象是直流成分，动态分析讨论的对象则是交流成分。由于放大电路中存在着电抗性元件，所以直流成分的通路和交流成分的通路是不一样的。

任务 2　固定式共射放大电路的分析与测试

基本共射放大电路图如图 2-3-6 所示，该电路的偏流 I_B 决定于 V_{CC} 和 R_b 的大小，V_{CC} 和 R_b 一经确定后，偏流 I_B 就固定了，所以这种电路又称为固定式偏置放大电路。

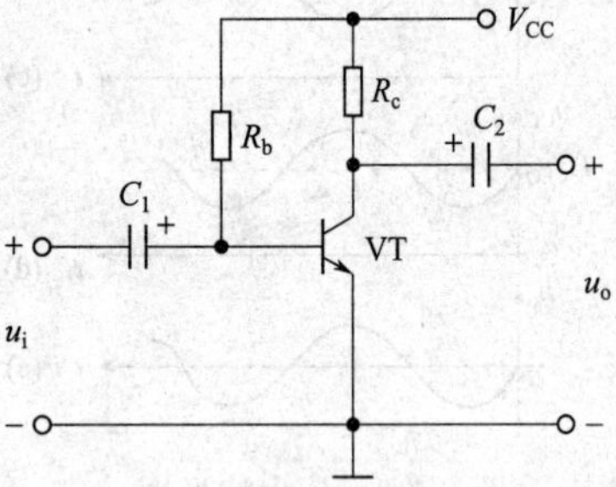

图中，三极管 VT 为放大元件，用基极电流 i_b 控制集电极电流 i_c，起电流放大作用。电源 V_{CC} 使集电结反偏，发射结正偏，三极管处于放大状态，同时 V_{CC} 使也是放大电路的能量来源。V_{CC} 一般在几伏到十几伏之间。

基极偏置电阻 R_b，它的作用是电源电压通过 R_b 向基极提供合适的偏置电流 I_B，使三极管有一个合适的工作点，一般为几十千欧到几百千欧。

图 2-3-6　固定式偏置放大电路

集电极负载电阻 R_c，它的作用是电源 V_{CC} 通过 R_c 为集电极供电，同时将放大的电流转换为放大的电压输出，一般为几千欧。

电容 C_1、C_2 分别是输入、输出耦合电容，电容 C_1 耦合输入交流信号 u_i，并起隔离放大电路和信号源的直流的作用。电容 C_2 耦合输出交流信号 u_o，并起隔离放大电路和负载间直流的作用。为了减少场地信号的电压损失，C_1、C_2 选择时容量应该足够大，一般为几微法至几十微法，通常选择电解电容器。

知识 1　固定式共射放大电路的静态分析

在对放大电路做静态分析的时候，首先应画出该电路的直流通路，然后再通过图解法或估算法来获得静态工作点。

1. 直流通路

在直流通路中，$u_i = 0$，同时由于电容对直流信号的阻抗是无穷大，故不允许直流信号通过，图 2-3-6 中的 C_1、C_2 开路；而电感对直流信号的阻抗为零，相当于短路。所以，可得直流通路如图 2-3-7 所示。

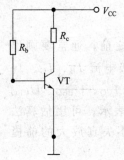

2. 估算法求解静态工作点

当外加输入信号为零时，在直流电源的作用下，三极管的基级回路和集电极回路均存在着直流电流和直流电压，这些直流电流和电压在三极管的输入、输出特性上各自对应一个点，称为静态工作点。

静态工作点处的基极电流、基极与发射极之间的电压分别用符号 I_{BQ}、U_{BEQ} 表示，集电极电流、集电极与发射极之间的电压分别用 I_{CQ}、U_{CEQ} 表示。

图 2-3-7　直流通路

所以，静态工作点可通过求 I_{BQ}、I_{CQ} 和 U_{CEQ} 而得到。R_b 上流过的

电流和 I_{BQ} 相同，所以通过求 R_b 上的电流就可得到图 2-3-7 中 I_{BQ}：

$$I_{BQ} = \frac{U_{CC} - U_{BEQ}}{R_b}$$

通过晶体管放大原理可知 I_{CQ} 与 I_{BQ} 之间的关系，由此可以得出，$I_{CQ} = \beta I_{BQ}$。

而 R_c 上的电压和 U_{CEQ} 上的电压之和为 V_{CC}，所以得到：

$$U_{CEQ} = U_{CC} - I_{CQ}R_c$$

式中 $I_{CQ}R_c$ 前面的负号表示输出电压与集电极电流 I_c 反相，即与输入电压反相。

注意：I_{BQ} 一般为 uA 级，而 I_{CQ} 一般为 mA 级。

3. 图解法求解静态工作点

利用晶体管的输入、输出特性曲线求解静态工作点的方法称为图解法。其分析步骤一般如下。

（1）按已选好的管子型号在手册中查找或从晶体管图示仪上描绘出管子的输入、输出特性，如图 2-3-8、图 2-3-9 所示。

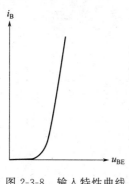

图 2-3-8　输入特性曲线

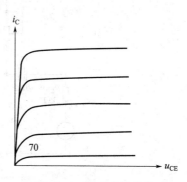

图 2-3-9　输出特性曲线

（2）在特性曲线上画出直流负载线。此步骤是图解法求静态工作点的关键。在 x、y 轴上分别定出一点，连接两点，即得直流负载线。

① 根据输入回路可以得出：$u_{BE} = V_{CC} - R_b i_B$

从原则上，基极回路的 I_{BQ} 和 U_{BEQ}，可以在输入特性曲线上作图求得，但是，由于器件手册通常不给出三极管的输入特性曲线，而输入特性曲线也不易准确测得，因此一般不在输入特性曲线上用图解法求 I_{BQ} 和 U_{BEQ}，而是用近似估算法得出近似值。

② 下面主要讨论输出回路的图解法。

输出回路的关系：$u_{CE} = U_{CC} - i_C R_c$。

在图 2-3-9 输出特性曲线上，画出一个直线 $u_{CE} = U_{CC} - i_C R_c$，如图 2-3-10 所示。两点定为：令 $U_{CE} = 0$，得 $I_C = U_{CC}/R_c$，令 $I_C = 0$，得 $U_{CE} = U_{CC}$，连接这两点即可得一条直线，这条直线反映了直流通路时伏安特性，又称为直流负载线。找出 i_B 的值，相交的一点即为 Q 点。

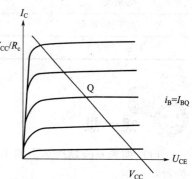

图 2-3-10　输出回路图解

做一做　固定式共射放大电路静态工作点的测量

如图 2-3-11 所示，断开 R_L，使 $u_i = 0$、$V_{CC} = 20V$，用万用表测量三极管的静态工作点，并记录在表 2-3-1 中。

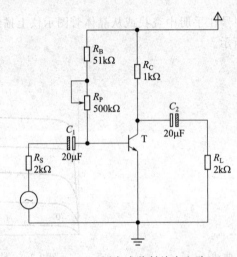

图 2-3-11　固定式共射放大电路

表 2-3-1　静态工作点的记录表

条　件	测　量　值					
	U_{CEQ}	U_{BQ}	I_{CQ}	I_{BQ}	β	三极管的工作状态
R_P最小						
R_P最大						
$V_{CC} = 12V$、R_P最大						
$U_{CE} = 10V$	计算静态工作点					

想一想

(1) 如果 U_{CE} 始终达不到 10V，在不改变电源电压的前提下，此时应该如何调节电路的参数？

(2) 如果 U_{CE} 始终超过 10V，在不改变电源电压的前提下，此时应该如何调节电路的参数？

(3) 在电路图中，上偏置固定电阻 R_B 起到什么作用？不要行不行？为什么？

(4) 电路元件参数的变化会影响 Q 点的变化吗？怎么影响？

(5) 测量放大器静态工作点时，如果测得 $U_{CEQ} < 0.5V$，说明三极管处于什么工作状态？如果 $U_{CEQ} \approx V_{CC}$，三极管又处于什么工作状态？为什么要设置静态工作点？

知识2　固定式共射放大电路的动态分析

三极管接通直流电源 V_{CC} 后，在输入端加入小信号交流电压，如图 2-3-6 所示，三极管各极电压、电流将在直流值的基础上随输入信号的变化而变化，此时三极管处于动态工作状态。在动态分析中，微变等效电路分析法（亦称小信号等效电路分析法）和图解分析法是最基本的两种方法，其中，图解法利用画交流负载线的方法进行分析。动态分析主要是求解电压放大倍数 A_u、输入电阻 R_i 以及输出电阻 R_o 等参数。

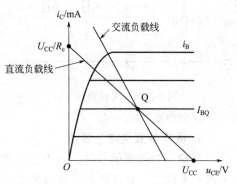

图 2-3-12　交流负载线

1. 交流负载线

交流通路外电路的伏安特性称为交流负载线，它反映了电流 i_C 和 u_{ce} 之间的线性关系。如图 2-3-12 所示。$U_o = \Delta u_{CE} = -\Delta i_C (R_c // R_L) = -i_c R_L'$ 其中，$R_L' = R_c // R_L$ 称为交流负载电阻，负号表示电流 i_C 和电压 u_o 的方向相反。

交流变化量在变化过程中一定要经过零点，此时 $u_i = 0$，与静点 Q 相符合。所以 Q 点也是动态过程中的一个点。交流负载线和直流负载线在 Q 点相交。

交流负载线由交流通路获得，且过 Q 点，因此交流负载线是动态工作点移动的轨迹。

2. 放大电路的动态工作范围

由图 2-3-13 可以看出，当三极管电路中输入交流信号 u_i 后，三极管各极电压、电流均随 u_i 在直流值 U_{BEQ}、I_{BQ}、I_{CQ}、U_{CEQ} 的基础上而变化，此时三极管的瞬时电压、电流变成了随输入信号变化的单极性变化量。就交流信号而言，如果电路参数选择得当，u_o 的振幅将比 u_i 的振幅大得多，从而达到放大电压信号的目的。

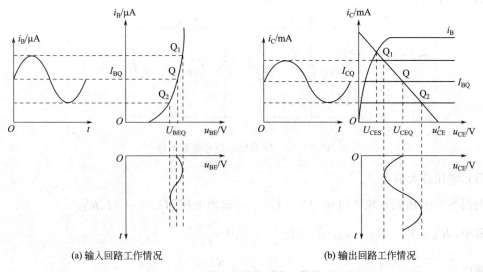

(a) 输入回路工作情况　　　　　　(b) 输出回路工作情况

图 2-3-13　放大电路的动态工作情况

放大电路要想获得大的不失真输出幅度，要求：工作点 Q 要设置在输出特性曲线放大区的中间部位；要有合适的交流负载线。

3. 交流通路 ($u_i \neq 0$)

图 2-3-6 中，C_1、C_2 用以耦合交流、隔断直流，称为耦合电容器，为使交流信号顺利通

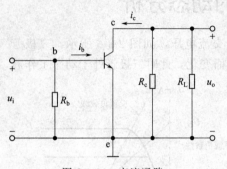

图 2-3-14　交流通路

过，要求 C_1、C_2 的容抗很小，因此，对交流信号 C_1、C_2 可视为短路，这样就可以画出图 2-3-6 的交流通路，如图 2-3-14 所示。

在交流通路中，耦合电容视为短路；直流电源视为接地。

可以从交流通路中，直接求出：

电压放大倍数：$A_u = \dfrac{-i_c \cdot (R_c /\!/ R_L)}{i_b \cdot R_b}$

输入电阻：$R_i = R_b$

输出电阻：$R_o = R_i /\!/ R_L$

4. 微变等效电路分析法

当输入为微变信号时，对于交流微变信号，非线性器件三极管可用微变等效电路（线性电路）来代替。这样就把三极管的非线性问题转化为线性问题，如图 2-3-15 所示。

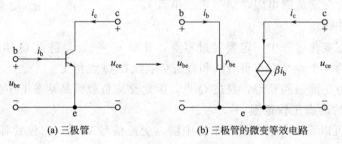

(a) 三极管　　　　　　　　　(b) 三极管的微变等效电路

图 2-3-15　等效电路的转换方法

使用微变等效电路分析图 2-3-6 的动态，将图 2-3-14 中的晶体管用 H 参数小信号等效电路，如图 2-3-16 所示。

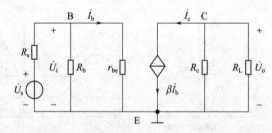

图 2-3-16　H 参数小信号等效电路

（1）电压放大倍数 A_u

由图 2-3-16 所知，输入电压：$\dot{U}_i = \dot{I}_b r_{be}$，输出电压：$\dot{U}_o = -\beta \dot{I}_b R'_L$

其中，$R'_L = R_c /\!/ R_L$，$r_{be} = 200\Omega + (1+\beta)\dfrac{26\text{mV}}{I_{EQ}}$

所以

$$A_u = -\beta \frac{R'_L}{r_{be}}$$

由此可知，负载电阻越小，放大倍数越小。

（2）输入电阻

$$R_i = \frac{\dot{U}_i}{\dot{I}_i} = R_b // r_{be} \approx r_{be}$$

电路的输入电阻越大，从信号源取得的电流越小，因此一般总是希望得到较大的输入电阻。

（3）输出电阻

根据 $R_o = \frac{\dot{U}_o}{\dot{I}_o} \Bigg|_{R_L = \infty,\ U_S = 0}$ ，可以得出，

$$R_o = \frac{\dot{U}_o}{\dot{I}_o} = R_c$$

（4）当信号源有内阻时：

含内阻的放大电路如图 2-3-17 所示。

输入回路可以等效为图 2-3-18 所示电路。

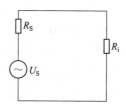

图 2-3-17　含内阻的放大电路　　　图 2-3-18　输入回路的等效电路

由图 2-3-17 可以得到：$\dot{U}_S = R_S \dot{I}_i + R_i \dot{I}_i$，而 $\dot{U}_i = R_i \dot{I}_i$，所以，

$$\dot{U}_i = \frac{R_i}{R_S + R_i} \dot{U}_S$$

定义：$A_{us} = \frac{\dot{U}_o}{\dot{U}_S}$，$A_u = \frac{\dot{U}_o}{\dot{U}_i}$，可以得出：

$$A_{us} = \frac{\dot{U}_o}{\dot{U}_i} \cdot \frac{\dot{U}_i}{\dot{U}_S} = A_u \cdot \frac{R_i}{R_S + R_i}$$

微变等效电路说明：

① 基极与发射极之间用一个交流电阻 r_{be} 等效；集电极与发射极间用一个受控电流源 βi_b 代替。

② 等效电路成立前提条件：微变信号（小信号）。

③ 受控电流源不能独立存在，方向不能随意假定。

④ 电压、电流量都是交流信号，电路中无直流量。不能用等效电路求解静态工作点 Q 的值。

知识3　非线性失真的分析

所谓失真，是指输出信号的波形与输入信号的波形不一致。三极管是一个非线性器件，

有截止区、放大区、饱和区三个工作区，如果信号在放大的过程中，放大器的工作范围超出了特性曲线的线性放大区域，进入了截止区或饱和区，集电极电流 i_c 与基极电流 i_b 不再成线性比例的关系，则会导致输出信号出现非线性失真。

静态工作点的位置必须设置适当，否则放大电路的输出波形容易产生明显的非线性失真。非线性失真分为截止失真和饱和失真两种。

1. 截止失真

当放大电路的静态工作点 Q 选取比较低时，I_{BQ} 较小，输入信号的负半周进入截止区而造成的失真称为截止失真。对于 NPN 三极管，当放大电路产生截止失真时，输出电压 u_{CE} 的波形出现顶部失真，如图 2-3-19 所示。

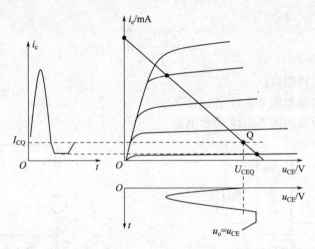

图 2-3-19　截止失真

消除截止失真的方法：增大 I_{BQ} 的值，抬高 Q 点。

2. 饱和失真

当放大电路的静态工作点 Q 选取比较高时，I_{BQ} 较大，U_{CEQ} 较小，输入信号的正半周进入饱和区而造成的失真称为饱和失真。如图 2-3-20 所示。当 Q 点位于中间区域时，输出的电流 i_b 波形不失真，而当 Q 点过高时，则输出电流 i_c 发生了顶部失真，输出电压 u_o 发生了底部失真。

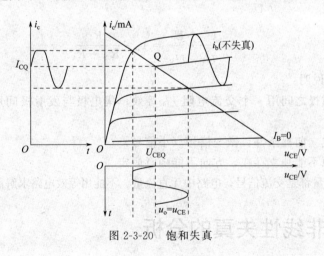

图 2-3-20　饱和失真

消除饱和失真的方法：减少 I_{BQ} 的值，降低 Q 点。

3. 最大不失真输出电压

最大不失真输出电压幅度是指放大电路不产生截止或饱和失真时，输出所能获得的最大电压幅度，用 U_{om} 表示，也是临近失真的状态。如图 2-3-21 所示。

显然，为了充分利用晶体管的放大区，使输出动态范围最大，直流工作点 Q 应选在交流负载线的中点处，即线性放大区的中点，这样，正、负半周信号都能得到充分放大，并最大限度地利用动态范围。因此，静态工作点的选取是十分重要的。

4. Q 点的选取

Q 点选取不当，会引起线性失真，并影响放大电路动态输出范围。

因此，应使 Q 点在三极管特性曲线的线性放大区，远离截止区和饱和区；同时，在保证不失真前提下，Q 点尽量低。

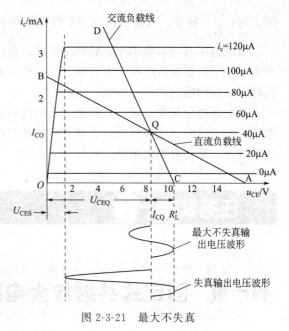

图 2-3-21　最大不失真

知识4　元件参数对静态工作点的影响

由上可知，放大电路的静态工作点的位置十分重要，如果设置不当，输出波形可能产生严重的非线性失真，或者使最大输出幅度减小。以下分析 Q 点的位置与电路参数的关系，仍可以利用图解法进行分析，当放大电路的各种参数如 V_{CC}、R_b、R_c 等改变时，Q 点的位置如何变化。

当电路中其他参数不变，改变 R_b，如图 2-3-22（a）所示。对于直流负载线来说，在 x、y 轴上的交点并没有发生改变，改变的只是 I_{BQ} 的值。R_b 增大，I_{BQ} 减小，使 Q 点沿直流负载线下移，靠近截止区，见图 2-3-22（a）中的 Q′点，则输出波形容易产生截止失真。相反，如果减小 R_b，则 I_{BQ} 增大，Q 点上移，此时输出波形容易产生饱和失真。

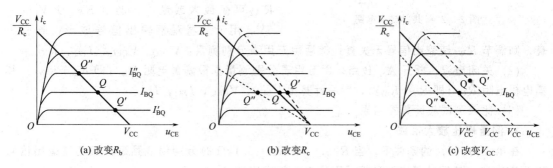

(a) 改变R_b　　　(b) 改变R_c　　　(c) 改变V_{CC}

图 2-3-22　元件参数对静态工作点的影响

当电路中其他参数不变，改变 R_c，如图 2-3-22（b）所示。R_c 的改变引起了直流负载线的改变，但对 I_{BQ} 没有影响。当 R_c 减小时，$\dfrac{V_{CC}}{R_c}$ 变大，直流负载线变陡，Q 点右移；当 R_c

增大时，$\dfrac{V_{CC}}{R_c}$ 减少，直流负载线变平坦，Q 点左移。

当电路中其他参数不变，V_{CC} 改变时，直流负载线将平行移动，如图 2-3-22(c) 所示。增大 V_{CC} 时，直流负载线发生右移，Q 点移向右上方，则放大电路的动态工作范围增大，但同时三极管的静态功耗也增大。

从上面的分析中，可以直观地表示出电路各种参数对静态工作点的影响。在实际工作中调试放大电路时，这种分析方法对于检查被测电路的静态工作点是否合适，以及如何调整电路参数等，都将有很大帮助。

任务实施

做一做　固定式共射放大电路的分析与测试

1. 按图 2-3-23 连接共发射极基本放大电路。

2. 测量三极管 T_1 的 β 值

当 $V_i=0$ 时，调节 R_{W1} 使基极电流 $I_{B1}=40\mu A$，然后调节 R_{W2} 使集电极电压 $V_{CE1}=6V$，测得集电极电流 I_{C1}；再调节 R_{W1} 使基极电流 $I_{B2}=60\mu A$，然后调节 R_{W2} 使集电极电压 $V_{CE2}=6V$，测得集电极电流 I_{C2}。

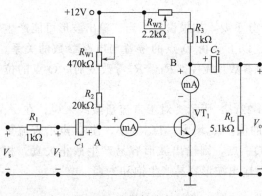

图 2-3-23　共射放大电路

由公式：$\beta=\dfrac{\Delta I_C}{\Delta I_B}=\dfrac{I_{C2}-I_{C1}}{I_{B2}-I_{B1}}$，计算出 β。

3. 测量静态工作点

(1) 使用函数信号发生器产生 1kHz、10mV（用低频毫伏表测量）的正弦信号，接入输入端，即 $V_s=10mV$（正弦有效值）；R_{W2} 可在最大或最小，调节 R_{W1} 使 $V_{CE1}=6V$，用示波器观察输出信号波形，若有失真，则调节 R_{W2} 使输出信号无失真，然后用万用表分别测量：V_{BEQ}，V_{CEQ}，I_{BQ}，I_{CQ}。

(2) 关闭电源，断开 A、B 点，用万用表分别测量基极偏置电阻 R_B（即 R_2+R_{W1}）和集电极电阻 R_C（即 R_3+R_{W2}），然后计算出 V_{BEQ}，V_{CEQ}，I_{BQ}，I_{CQ}。

(3) 比较测试与计算的结果。

4. 测量电压放大倍数

在第 3 步 (1) 的条件下，当 $R_L=\infty$ 或 $R_L=5.1k\Omega$ 时分别用低频毫伏表测量输出信号 V_o 的有效值，然后计算出两种情况下的电压放大倍数 A_V。

通过理论分析计算出电压放大倍数 A_V，并与测试值比较。

5. 观察静态工作点对输出信号的影响

(1) 保持第 3 步 (1) 条件下的静态工作点不变，增大输入信号 V_s，直到输出信号 V_o 刚出现削波失真为止，记录此时的 V_o 波形。

(2) 保持已增大的输入信号 V_s 不变，分别调节 R_{w1} 和 R_{w2}，用示波器观察输出信号 V_o 的波形，并用万用表测量 V_{CEQ}，记录于表 2-3-2 中。

表 2-3-2　静态工作点的影响记录表

序　号	条　件	V_o波形	V_{CEQ}
1	R_{w1} 和 R_{w2} 合适，$R_L=\infty$	不失真	
2	R_{w1} 和 R_{w2} 合适，$R_L=5.1\text{k}\Omega$		
3	R_{w1} 最大，R_{w2} 合适，$R_L=\infty$		
4	R_{w1} 最小，R_{w2} 合适，$R_L=\infty$		
5	R_{w1} 合适，R_{w2} 最大，$R_L=\infty$		
6	R_{w1} 合适，R_{w2} 最小，$R_L=\infty$		

6. 测量输入电阻（测试原理图见图 2-3-24）

(1) 理论计算输入电阻 R_i

先关掉电源，去掉 R_2 下端的连线（A 点），用万用表测量 R_2+R_{w1} 值（即为 R_b），然后由式 $r_{be}=300+(1+\beta)\dfrac{26(\text{mV})}{I_{EQ}(\text{mA})}$ 计算得动态电阻 r_{be}，再由式 $R_i=R_b//r_{be}$ 计算得输入电阻 R_i。

(2) 间接测量输入电阻 R_i

接入 $R_1=1\text{k}\Omega$ 并输入信号 V_s，用低频毫伏表测量图中的 V_s 和 V_i，然后由公式 $R_i=\dfrac{V_i}{V_s-V_i}\times R_1=\dfrac{V_i}{V_s-V_i}\times 1\text{k}\Omega$ 计算出 R_i。

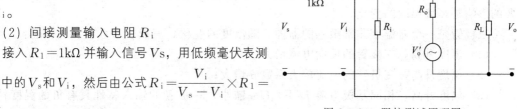

图 2-3-24　阻抗测试原理图

(3) 比较输入电阻 R_i 的理论计算值和间接测量值。

7. 测量输出电阻

(1) 理论计算输出电阻 R_o。

先关掉电源，去掉 R_3 下端的连线（B 点），用万用表测量 R_3+R_{w2} 值，即为输出电阻 R_o。

(2) 间接测量输出电阻 R_o。

输入信号 V_s，$R_1=1\text{k}\Omega$ 不接入，当 $R_L=\infty$ 时用低频毫伏表测量放大器的输出信号，记为 V_o'，当 $R_L=5.1\text{k}\Omega$ 时再用低频毫伏表测量放大器的输出信号，记为 V_o。

由公式 $R_o=\left(\dfrac{V_o'}{V_o}-1\right)\times R_L=\left(\dfrac{V_o'}{V_o}-1\right)\times 5.1\text{k}\Omega$ 计算出 R_o。

(3) 比较输出电阻 R_o 的理论计算值和间接测量值。

想一想

(1) 基本放大电路的组成原则是什么？以共射组态基本放大电路为例加以说明。

(2) 如果共射放大电路中没有集电极电阻 R_c，能产生电压放大吗？

(3) 放大电路的失真包括哪些？如何消除失真？两种失真下集电极电流的波形和输出电压的波形有何不同？

(4) 放大电路中为什么要设置静态工作点？静态工作点不稳定对放大电路有何影响？影响静态工作点稳定的因素有哪些？其中哪些因素影响最大？如何防范？

(5) 电压放大倍数的概念是什么？共射放大电路的电压放大倍数与哪些参数有关？

(6) 试述放大电路输入电阻、输出电阻的概念。为什么总希望放大电路的输入电阻 R_i 尽量大一些，而输出电阻 R_o 尽量小一些？

任务 3 分压式共射放大电路的分析与测试

知识 1 分压式共射放大电路的认识

放大电路的多项重要技术指标均与静态工作点的位置密切相关。如果静态工作点不稳定，则放大电路的某些性能也将发生变动。因此，如何使静态工作点保持稳定，是一个十分重要的问题。

影响 Q 点的因素：电源波动、偏置电阻的变化、管子的更换、元件的老化等等，最主要的影响是环境温度的变化。

三极管是一个对温度非常敏感的器件，随温度的变化，三极管参数会受到影响：

(1) 温度升高，三极管的反向电流增大；

(2) 温度升高，三极管的电流放大系数 β 增大；

(3) 温度升高，相同基极电流 I_B 下，U_{BE} 减小，三极管的输入特性具有负的温度特性。温度每升高 $1℃$，U_{BE} 大约减小 2.2mV。

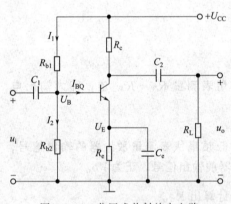

图 2-3-25 分压式共射放大电路

固定式偏置放大电路在常温下可以正常工作，但当温度升高时，静态工作点就会移近饱和区，使输出波形产生饱和失真。因此，必须从放大电路本身出发，在允许温度变化的前提下，尽量保持静态工作点的稳定。

如图 2-3-25 所示，最常用的静态工作点稳定电路。不难发现，此电路与前面介绍的单管共射放大电路的差别，在于发射极接有电阻 R_e 和电容 C_e，另外，直流电源 V_{CC} 经电阻 R_{b1}、R_{b2} 分压后接到三极管的基极，所以通常称为分压式共射放大电路，又可称为静态工作点稳定放大电路。

温度上升，三极管的输出曲线上移，于是

温度 $T\uparrow \rightarrow I_C\uparrow \rightarrow I_E\uparrow \rightarrow U_E\uparrow \rightarrow U_{BE}=U_B-U_E\downarrow \rightarrow I_B\downarrow \rightarrow I_C\downarrow$

可见，本电路是通过发射极电流的负反馈作用牵制集电极电流的变化，使 Q 点保持稳定。显然，R_e 越大，I_{EQ} 变化量所产生的 U_{EQ} 的变化量也越大，则电路的温度稳定性越好。

为了保证 U_{BQ} 基本稳定，一般满足以下两个原则：$I_1 \geqslant (5\sim10)I_{BQ}$；$U_{BQ} \geqslant (5\sim10)U_{BEQ}$。为此希望 R_{b1}、R_{b2} 小一些，通常选 $10\sim100\text{k}\Omega$；射极负反馈电阻 R_e：$10\Omega\sim1\text{k}\Omega$；

射极电容 C_e：几十 μF。

想一想

（1）分压式偏置放大电路与固定式偏置放大电路在结构上有哪些不同？这些不同将带来什么不一样的作用？

（2）在固定式偏置放大电路的基础上增加了 R_{b2}、R_e、C_e 的目的是什么？

知识2　分压式共射放大电路的动静态分析

1. 静态分析

分析分压式工作点稳压电路的静态工作点之前，首先画出此电路的直流通路，如图 2-3-26 所示。

用近似估算法可以得出 Q 点，由于 $I_1 = I_2 + I_{BQ}$，而 $I_1 >> I_{BQ}$，所以，$I_1 \approx I_2$，由此可以得出：

$$U_B \approx \frac{R_{b2}}{R_{b1} + R_{b2}} U_{CC}$$

同时，$U_B = U_{BEQ} + U_{R_e}$，$U_{R_e} = R_e \cdot I_{EQ}$，可得出静态发射极电流，由于静态集电极电流与发射极电流近似相等，即

$$I_{CQ} \approx I_{EQ} = \frac{U_B - U_{BEQ}}{R_e}$$

由集电极电流和基级电流的关系，可得出基级电流

$$I_{BQ} = \frac{I_{CQ}}{\beta}$$

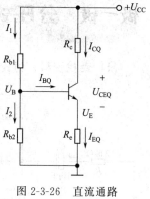

图 2-3-26　直流通路

最后可以求出三极管 c、e 之间的静态电压为

$$U_{CEQ} \approx U_{CC} - I_{CQ}(R_c + R_e)$$

2. 动态分析

当旁路电容 C_e 足够大时，在分压式偏置电路的动态通路中可视为短路，此时这种工作点稳定电路实际上也是一个共射放大电路，故可用图解法或微变等效电路法来分析其动态工作情况，如图 2-3-27 所示。

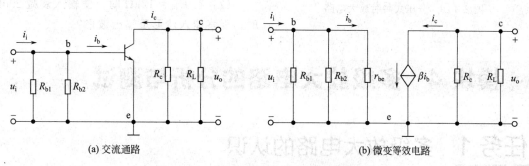

(a) 交流通路　　　　　　　　　　　(b) 微变等效电路

图 2-3-27　分压式偏置放大电路的动态通路

通过分析图 2-3-27(a)、(b)，可以得出此电路的动态参数。

(1) 电压放大倍数

$$u_i = i_b \cdot r_{be}$$
$$u_o = -i_c(R_c /\!/ R_L)$$

所以，

$$A_u = \frac{u_o}{u_i} = -\frac{\beta(R_c /\!/ R_L)}{r_{be}}$$

(2) 输入电阻

$$R_i = \frac{u_i}{i_i} = R_{b1} /\!/ R_{b2} /\!/ r_{be}$$

(3) 输出电阻

$$R_o \big|_{u_i=0,\, R_L=\infty} = R_c$$

任务实施

做一做 分压式偏置放大电路的分析与测试

(1) 查找资料，讨论分析图 2-3-28 所示电路。

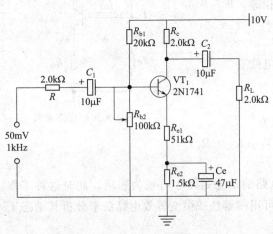

图 2-3-28　分压式共射放大电路

(2) 理论完成分压式偏置电路的动静态分析（$R_{b2} = 12\text{k}\Omega$）。

(3) 搭建电路，测试 $R_{b2} = 12\text{k}\Omega$ 时的静态工作点，并与其估算值相比较。

(4) 画出输入输出波形，测试 u_s、u_i、u_o，根据公式计算出 A_u、R_i、R_o。

(5) 测量此时的最大不失真输出电压幅度，并画出波形。

(6) 调节 R_{b2}，观看输出波形失真情况，画出失真波形，并测出临界失真的 R_{b2} 的值，解释原因。

(7) 在 $R_{b2} = 12\text{k}\Omega$ 时，使输入衰减 20dB 时，观察输入波形及输出波形？

模块 4 多级放大电路的分析与测试

任务 1 多级放大电路的认识

用一个放大器件组成的单管放大电路，其电压放大倍数一般只能达到几十倍，其他技术指标也难以达到实用的要求，因此在实际工作中，常常把若干个单管放大电路连接起来，组成多级放大电路使用。如图 2-4-1 所示。

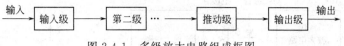

图 2-4-1　多级放大电路组成框图

多级放大电路内部各级之间的连接方式称为耦合方式。它的方式有很多种，常见的有直接耦合、阻容耦合、变压器耦合和光电耦合。

1. 阻容耦合

连接方式：通过电容和电阻把前级输出接至下一级输入。

特点：各级静态工作点相对独立，便于调整。

缺点：不能放大变化缓慢（直流）的信号，不便于集成。如图 2-4-2 所示。

2. 直接耦合

为了避免电容对缓慢变化信号的影响，直接把两级放大电路接在一起，这就是直接耦合法。它的特点是：既能放大交流信号，也能放大直流信号；各级静态工作点 Q 相互影响，不能独立，使多级放大电路的分析、设计和调试工作比较麻烦。基极和集电极电位会随着级数增加而上升；便于集成，实际的集成运算放大电路，一般都是直接耦合多级放大电路，但存在零漂现象。

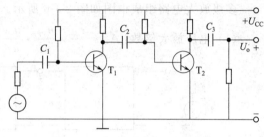

图 2-4-2　阻容耦合放大电路

如图 2-4-3 所示，由于 VT_1 的集电极电位被 VT_2 的基级限制在 0.7V 左右，使 VT_1 的 Q 点接近饱和区，因而不能正常进行工作。

为了使直接耦合的两个放大级各自仍有合适的静态工作点，可以在 VT_2 的发射极接入一个电阻 R_{c2}，或接入一只稳压管 VD。

3. 变压器耦合

变压器耦合主要用于功率放大电路，它的优点是可变化电压和实现阻抗变换，工作点相对独立。缺点是体积大，不能实现集成化，频率特性差。如图 2-4-4 所示。

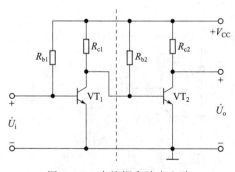

图 2-4-3　直接耦合放大电路

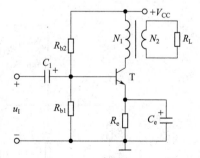

图 2-4-4　变压器耦合放大电路

4. 光电耦合

以光信号为媒介来实现电信号的耦合和传递，其抗干扰能力强。

特点：光耦合，电隔离性能好；可传送直流信号；光电耦合器件可以集成，广泛用于集成电路中。如图 2-4-5 所示。

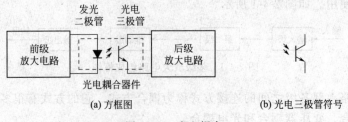

图 2-4-5　光电耦合

任务 2　多级放大电路的分析

多级放大电路组成框图如图 2-4-6 所示。

（1）电压放大倍数：$A_u = \dfrac{u_o}{u_i} = \dfrac{u_{o1}}{u_i} \cdot \dfrac{u_{o2}}{u_{i2}} \cdot \dfrac{u_{o3}}{u_{i3}} \cdots = A_{u1} \cdot A_{u2} \cdot A_{u3} \cdots$

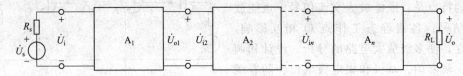

图 2-4-6　多级放大电路组成框图

（2）电压增益：$20\lg A_u(dB) = 20\lg A_{u1} + 20\lg A_{u2} + 20\lg A_{u3} + \cdots$

（3）输入电阻：$R_i = R_{i1}$

（4）输出电阻：$R_o = R_{o末}$

注意：求解多级放大电路的动态参数 A_u、R_i、R_o 时，一定要考虑前后级之间的相互影响。

（1）要把后级的输入阻抗作为前级的负载电阻；

（2）前级的开路电压作为后级的信号源电压，前级的输出阻抗作为后级的信号源阻抗。

例　如图 2-4-7 所示，两级组容耦合放大电路。$R_{B11} = 30\text{k}\Omega$，$R_{B12} = 15\text{k}\Omega$，$R_{c1} = 3\text{k}\Omega$，$R_{E1} = 3\text{k}\Omega$，$R_{B21} = 20\text{k}\Omega$，$R_{B22} = 10\text{k}\Omega$，$R_{c2} = 2.5\text{k}\Omega$，$R_{E2} = 2\text{k}\Omega$，$R_L = 5\text{k}\Omega$，$\beta_1 = \beta_2 = 50$，$U_{CC} = 12\text{V}$。

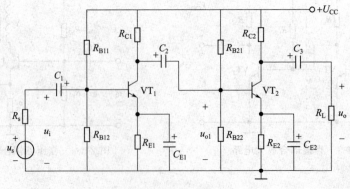

图 2-4-7　多级放大电路

求解：

（1）分别估计各级的静态工作点。

实用模拟电子技术分析与应用

（2）计算放大电路的电压放大倍数 A_{u1}、A_{u2} 和总电压放大倍数 A_u；

（3）各级电路的输入电阻和输出电阻。

解：（1）静态值的估算

第一级：

$$U_{B1} = \frac{R_{B12}}{R_{B11} + R_{B12}} U_{CC} = \frac{15}{30+15} \times 12 = 4(V)$$

$$I_{C1} \approx I_{E1} = \frac{U_{B1} - U_{BE1}}{R_{E1}} = \frac{4-0.7}{3} = 1.1(mA)$$

$$I_{B1} = \frac{I_{C1}}{\beta_1} = \frac{1.1}{50}(mA) = 22(\mu A)$$

$$U_{CE1} = U_{CC} - I_{C1}(R_{C1} + R_{E1}) = 12 - 1.1 \times (3+3) = 5.4(V)$$

第二级：

$$U_{B2} = \frac{R_{B22}}{R_{B21} + R_{B22}} U_{CC} = \frac{10}{20+10} \times 12 = 4(V)$$

$$I_{C2} \approx I_{E2} = \frac{U_{B2} - U_{BE2}}{R_{E2}} = \frac{4-0.7}{2} = 1.65(mA)$$

$$I_{B2} = \frac{I_{C2}}{\beta_2} = \frac{1.65}{50}(mA) = 33(\mu A)$$

$$U_{CE2} = U_{CC} - I_{C2}(R_{C2} + R_{E2}) = 12 - 1.65 \times (2.5+2) = 4.62(V)$$

（2）微变等效电路（图 2-4-8）

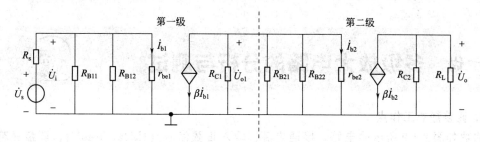

图 2-4-8　微变等效电路

VT_1 的动态输入电阻为：

$$r_{be1} = 300 + (1+\beta_1)\frac{26}{I_{E1}} = 300 + (1+50) \times \frac{26}{1.1} = 1500(\Omega) = 1.5(k\Omega)$$

VT_2 的动态输入电阻为：

$$r_{be2} = 300 + (1+\beta_2)\frac{26}{I_{E2}} = 300 + (1+50) \times \frac{26}{1.65} = 1100(\Omega) = 1.1(k\Omega)$$

第二级输入电阻：

$$r_{i2} = R_{B21}//R_{B22}//r_{be2} = 20//10//1.1 = 0.94(k\Omega)$$

第一级等效负载电阻为：

$$R'_{L1} = R_{C1}//r_{i2} = 3//0.94 = 0.72(k\Omega)$$

第二级等效负载电阻为：

$$R'_{L2} = R_{C2}//R_L = 2.5//5 = 1.67(k\Omega)$$

第一级电压放大倍数：

$$\dot{A}_{u1} = -\frac{\beta_1 R'_{L1}}{r_{be1}} = -\frac{50 \times 0.72}{1.5} = -24$$

第二级电压放大倍数：

$$\dot{A}_{u2} = -\frac{\beta_2 R'_{L2}}{r_{be2}} = -\frac{50 \times 1.67}{1.1} = -76$$

两级电压放大倍数：

$$\dot{A}_u = \dot{A}_{u1}\dot{A}_{u2} = (-24) \times (-76) = 1824$$

（3）输入电阻和输出电阻

第一级输入电阻为：

$$r_{i1} = R_{B11}//R_{B12}//r_{be1} = 30//15//1.5 = 1.3(k\Omega)$$

第二级输入电阻在上面已经求得，为 0.94Ω

第一级输出电阻为：

$$r_{o1} = R_{C1} = 3(k\Omega)$$

第二级输出电阻为：

$$r_{o2} = R_{C2} = 2.5(k\Omega)$$

第二级的输出电阻就是两级放大电路的输出电阻。

任务实施

做一做　多级放大电路的分析与测试

1. 调整静态工作点

搭建如图 2-4-9 所示的电路，接通电源，输入正弦信号（1kHz，10mV），调整静态工作点，用示波器观察输出波形，使第一级输出波形 V_{o1} 不失真，第二级输出波形 V_{o2} 在不失真的情况下幅度尽量大。

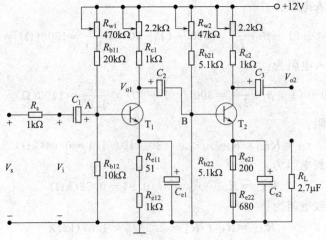

图 2-4-9　阻容耦合两级放大电路

2. 测量静态工作点

在条件1下，用万用表测量三极管各极对地电压，数据记录在表 2-4-1 中。

表 2-4-1　三极管各极对地电压记录表

	V_{B1}	V_{C1}	V_{E1}	V_{B2}	V_{C2}	V_{E2}
对地电压						

同时，通过计算得出两级之间的电压值，并记录在表 2-4-2 中。

表 2-4-2　三极管两极电压计算表

V_{BE1}	V_{CE1}	V_{BC1}	V_{BE2}	V_{CE2}	V_{BC2}

3. 测量电压放大倍数、输入电阻、输出电阻

输入正弦波信号（1kHz，10mV），在空载和加负载时用晶体管毫伏表测量表 2-4-3 中的电压，计算电压放大倍数、输入电阻、输出电阻。

表 2-4-3　测量记录表

输入信号 $V_s = 10\text{mV}$								
	V_i	V_{o1}	V_{o2}	A_{v1}	A_{v2}	A_v	R_i	R_o
$R_L = \infty$								
$R_L = 2.7\text{k}\Omega$								

4. 测量三极管多级放大电路的频率特性

在空载时输入正弦波信号（1kHz），调节（增大）信号源的信号幅度，使第二级输出波形在不失真的情况下幅度最大。保持该输入信号幅度不变，改变输入信号频率，然后用晶体管毫伏表测量表 2-4-4 中的电压，并计算电压放大倍数，画出频率曲线。

表 2-4-4　频率特性表

	频率	50Hz	100Hz	250Hz	500Hz	1kHz	2.5kHz	5kHz	10kHz	20kHz
$R_L = \infty$	V_i									
	V_{o1}									
	V_{o2}									
	A_{v1}									
	A_{v2}									
	A_v									

 想一想

（1）多级耦合放大电路级间的阻容耦合、变压器耦合、直接耦合和光合耦合的特点。

（2）多级耦合放大电路的电路结构及 A_u、R_i、R_o 的计算方法。

模块 5　彩灯声控控制电路的制作与测试

1. 电路工作原理

具体电路详见项目分析中图 2-0-3 所示，静态时，VT_1 处于临界饱和状态，使 VT_2 截止，LED1 和 LED2 皆不发光，R_1 给电容话筒 MIC 提供偏置电流，话筒捡取室内环境中的声波信号后即转为相应的电信号，经 C_1 送到 VT_1 的基极进行放大，VT_1、VT_2 组成两级直接耦合放大电路，只要选取合适的 R_2、R_3 使无声波信号，VT_1 处于临界饱和状态，而以使 VT_2 处于截止状态，两只 LED 中无电流流过而不发光。

当 MIC 捡取声波信号后，就有音频信号注入 VT_1 的基极，使其信号的负半周使 VT_1 退出饱和状态，VT_1 的集电极电压上升，VT_2 导通，LED1 和 LED 点亮发光，当输入音频信号较弱时，不足以使 VT_1 退出饱和状态，LED1 和 LED2 仍保持熄灭状态，只有较强信号输入时，LED 才点亮发光，所以 LED1 和 LED2 能随着环境声音（如音乐、说话）信号的强弱起伏而闪烁发光。

2. 元器件及材料的准备（表 2-5-1）

表 2-5-1　元器件清单

序　号	名　称	元器件规格
V_{CC}	直流电源	3V
BM	驻极体话筒	MIC
VT_1、VT_2	晶体三极管	9014
R_1	色环电阻器	4.7kΩ
R_2	色环电阻器	1MΩ
R_3	色环电阻器	10kΩ
C_1	电解电容器	1μF/16V
C_2	电解电容器	100μF/10V
LED1、LED2	发光二极管	红色

3. 电路安装测试

（1）安装

① 按照电路设计好在多孔板上的装配图；然后进行电路制作；检查无误后通电试验喊话效果。

② 注意三极管的极性不能接错，元件排列整齐、美观。

（2）测试

① 通电后先测 VT 的集电极电压，通过调试 VT_1 的集电极电阻 R_3 的大小，使集电极电压在 0.2~0.4V 之间，如果该电压太低则施加声音信号后，VT_1 不能退出饱和状态，VT_2 不能通电，如果该电压超过 VT_2 的死区电压，则静态时 VT_2 就导通，使 LED1 和 LED2 点亮发光。

② 离话筒约 0.5m 距离，用普通声音（音量适中）讲话时，LED1、LED2 应随声音闪烁。如需大声说话时，LED 才能闪烁发光，则可适当减小 R_3 的阻值，也可更换 β 值更大的三极管。

（3）此电路也可通过仿真进行测试，在仿真时可用信号发生器模拟驻极体话筒。

拓展任务 共集和共基放大电路的分析与测试

任务 1 共集放大电路的分析

共集放大电路如图 2-6-1 所示，它的集电极负载电阻等于 0，相当集电极交流接地，输入信号接基极，输出信号从发射极引出，所以，共集组态放大电路也称为射极输出器。共集组态放大电路的偏置电阻往往只采用了一个上偏置电阻，其原因稍后加以说明。

1. 静态分析

静态工作点的计算原则与共射组态放大电路一样，先画出直流通路，如图 2-6-2 所示。

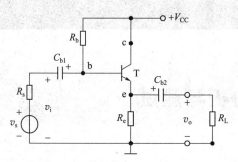

图 2-6-1 共集放大电路

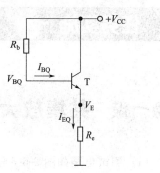

图 2-6-2 直流通路

由 $V_{CC} = I_{BQ}R_b + V_{BEQ} + I_{EQ}R_e$ 和 $I_{EQ} = (1+\beta)I_{BQ}$ 可得：

$$I_{BQ} = \frac{V_{CC} - V_{BEQ}}{R_b + (1+\beta)R_e}$$

$$I_{CQ} = \beta \cdot I_{BQ}$$

$$V_{CEQ} = V_{CC} - I_{EQ}R_e \approx V_{CC} - I_{CQ}R_e$$

2. 动态分析

此时 V_{CC} 接地，电容 C_{b1}、C_{b2} 短接，交流通路如图 2-6-3 所示。

将图 2-6-3 进行简化，可以得到简化电路，如图 2-6-4 所示。

使用微变等效电路进行分析，可得小信号等效电路，如图 2-6-5 所示。

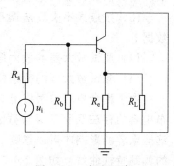

图 2-6-3 交流通路

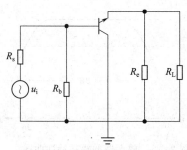

图 2-6-4 交流通路的等效电路

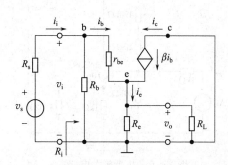

图 2-6-5 小信号等效电路

输入回路：$v_i = i_b r_{be} + i_e R'_L = i_b r_{be} + i_b(1+\beta)R'_L$

其中，$R'_L = R_e // R_L$

输出回路：$v_o = i_e R'_L = i_b(1+\beta)R'_L$

电压放大倍数：

$$A_v = \frac{v_o}{v_i} = \frac{i_b(1+\beta)R'_L}{i_b[r_{be}+(1+\beta)R'_L]} = \frac{(1+\beta)R'_L}{r_{be}+(1+\beta)R'_L} \approx \frac{\beta \cdot R'_L}{r_{be}+\beta \cdot R'_L} < 1$$

一般 $\beta \cdot R'_L \gg r_{be}$，则电压放大倍数接近于 1，即 $A_u \approx 1$，v_o 与 v_i 同相。所以共集放大电路又称为电压跟随器。

据上述的分析讨论，射极输出器的特性具有：①电压放大倍数接近 1，可作为电压跟随器；②输入电阻大，用在多级放大器的输入级，可提高输入阻抗；③输出电阻小，用在多级放大器的输出级，可增加带负载能力。

任务实施

做一做 共集放大电路的分析与测试

（1）测试电路如图 2-6-6 所示。

（2）自行设计拟定实验方案，设计实验数据记录表格。该电路的静态工作点的调整与测试、放大倍数、输入电阻、输出电阻的测试方法请同学们参照共射放大电路。

（3）按最大不失真法调整静态工作点，并进行工作点的测试，设计实验步骤记录实验数据。

（4）测试放大器的放大倍数，输入电阻，输出电阻。设计实验步骤和记录实验数据。

（5）测试放大器的幅频特性曲线，设计实验步骤和记录实验数据并绘制曲线。

由于耦合电容与射极电容的存在，使放大倍数 A_u 随信号频率的降低而降低；又由于分布电容的存在及受三极管截止频率的限制，使 A_u 随信号频率的升高而降低。仅在中频段，这些电容的影响才可以忽略。描述放大倍数 A_u 与信号频率 f 关系曲线称为 RC 耦合放大器的幅频特性曲线，如图 2-6-7 所示。

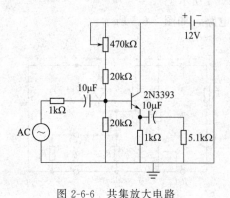

图 2-6-6 共集放大电路

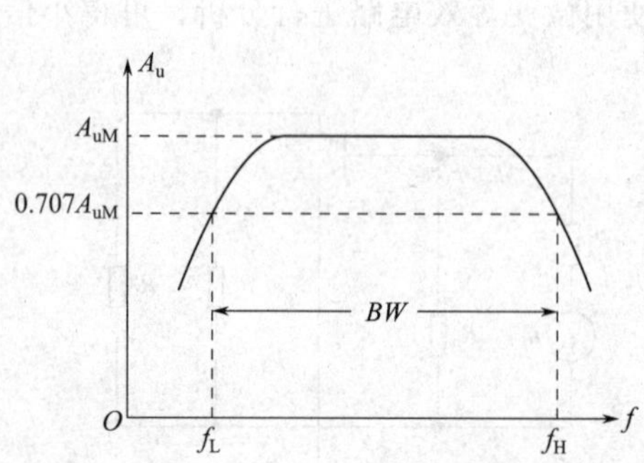

图 2-6-7 放大器的幅频特性曲线

如图 2-6-7 所示，$A_u = 0.707 A_{uM}$ 时所对应的 f_H 和 f_L 分别称为上限截止频率和下限截止频率，BW 称为通频带，其值为 $BW = f_H - f_L$。测试放大器的幅频特性曲线，需要改变放大器输入信号频率，在输出信号不失真的状态下，分别测试其输出电压（放大倍数），描绘出放大倍数 A_u 与信号频率 f 关系曲线。

任务 2　共基级放大电路的分析

共基放大电路如图 2-6-8 所示。由图可见，交流信号通过晶体三极管基极旁路 C_b 接地，因此输入信号 u_i 由发射极引入，输出信号 u_o 由集电极引出，它们以基极为公共端，故称为共基极放大电路。从直流通路中，它和共射放大电路一样，也构成分压式偏置电路。

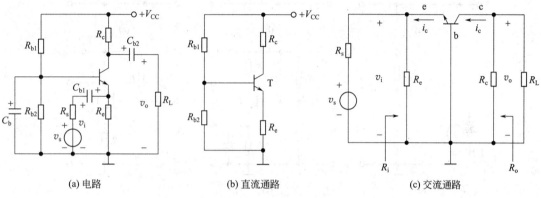

(a) 电路　　　　　　　(b) 直流通路　　　　　　　(c) 交流通路

图 2-6-8　共基放大电路

共基放大电路具有输出电压与输入电压同相，电压放大倍数高、输入电阻小、输出电阻大等特点。由于共基电路具有较好的高频特性，故广泛用于高频或宽带放大电路中

（1）放大倍数

输入回路：$v_i = -i_b r_{be}$，　输出回路：$v_o = -\beta i_b R'_L$

电压放大倍数：

$$A_v = \frac{v_o}{v_i} = \frac{\beta R'_L}{r_{be}}$$

电流放大倍数：

$$A_i = \frac{i_c}{i_e} = \alpha < 1$$

（2）输入电阻

$$R_i = \frac{v_i}{i_i} = R_e \parallel R'_i$$

$$R'_i = \frac{v_i}{-i_e} = \frac{-r_{be} i_b}{-i_e} = \frac{r_{be} i_b}{(1+\beta) i_b} = \frac{r_{be}}{1+\beta}$$

$$R_i = R_e \parallel \frac{r_{be}}{1+\beta}$$

（3）输出电阻

$$R_o \approx R_c$$

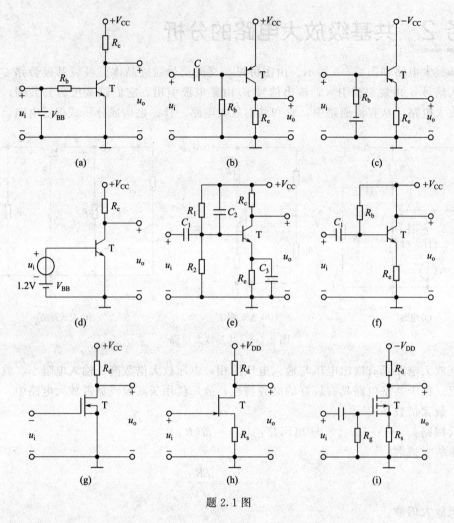

题 2.1 图

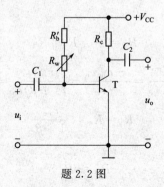

题 2.2 图

练习题

2.1 试分析题 2.1 图所示各电路是否能够放大正弦交流信号，简述理由。设图中所有电容对交流信号均可视为短路。

2.2 在题 2.2 图所示电路中，已知 $V_{CC}=12V$，晶体管的 $\beta=100$，$R_b'=100k\Omega$。填空：要求先填文字表达式后填得数。

实用模拟电子技术分析与应用

（1）当 $\dot{U}_i = 0V$ 时，测得 $U_{BEQ} = 0.7V$，若要基极电流 $I_{BQ} = 20\mu A$，则 R'_b 和 R_w 之和 $R_b = \underline{\qquad} \approx \underline{\qquad} k\Omega$；而若测得 $U_{CEQ} = 6V$，则 $R_c = \underline{\qquad} \approx \underline{\qquad} k\Omega$。

（2）若测得输入电压有效值 $U_i = 5mV$ 时，输出电压有效值 $U'_o = 0.6V$，则电压放大倍数 $\dot{A}_u = \underline{\qquad} \approx \underline{\qquad}$。若负载电阻 R_L 值与 R_c 相等，则带上负载后输出电压有效值 $U_o = \underline{\qquad} = \underline{\qquad} V$。

2.3　分别改正题 2.3 图所示各电路中的错误，使它们有可能放大正弦波信号。要求保留电路原来的共射接法和耦合方式。

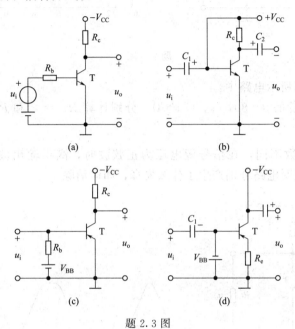

题 2.3 图

2.4　画出题 2.4 图所示各电路的直流通路和交流通路。设所有电容对交流信号均可视为短路。

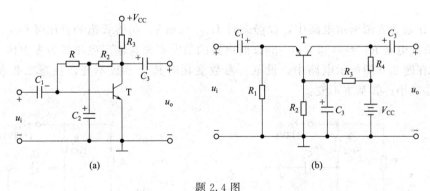

题 2.4 图

2.5　电路如题 2.5(a) 图所示，图（b）是晶体管的输出特性，静态时 $U_{BEQ} = 0.7V$。利用图解法分别求出 $R_L = \infty$ 和 $R_L = 3k\Omega$ 时的静态工作点和最大不失真输出电压 U_{om}（有效值）。

2.6　如图 2.6 图所示，已知晶体三极管的基极电流 I_B 为 $10\mu A$ 时，集电极电流 I_C 为 $0.42mA$；当 I_B 为 $40\mu A$ 时，I_C 为 $1.68mA$，且晶体管发射结正偏、集电结反偏，试求该管的电流放大倍数。

项目二　彩灯声控控制电路的制作与测试

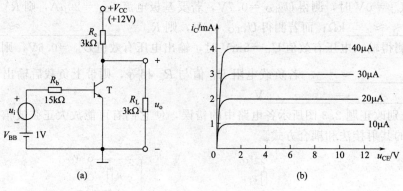

题 2.5 图

2.7 在题 2.7 图所示电路中：

(1) 图中，晶体管的 $\beta=80$，$r_{bb'}=100\Omega$。分别计算 $R_L=\infty$ 和 $R_L=3k\Omega$ 时的 Q 点、$\dot{A}_u$、R_i 和 R_o。

(2) 由于电路参数不同，在信号源电压为正弦波时，测得输出波形如题 2.7 图（a）、(b)、（c）所示，试说明电路分别产生了什么失真，如何消除。

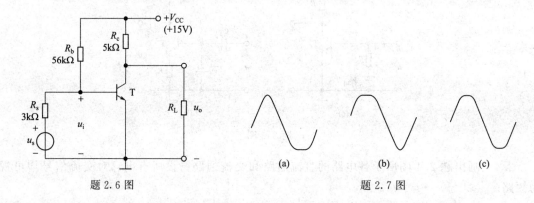

题 2.6 图　　　　　　　　　题 2.7 图

2.8 在题 2.8 图所示电路中，设静态时 $I_{CQ}=2mA$，晶体管饱和管压降 $U_{CES}=0.6V$。试问：当负载电阻 $R_L=\infty$ 和 $R_L=3k\Omega$ 时电路的最大不失真输出电压各为多少伏？

2.9 在题 2.9 图所示电路中，设某一参数变化时其余参数不变，在题 2.9 表中填入：①增大；②减小；③基本不变。

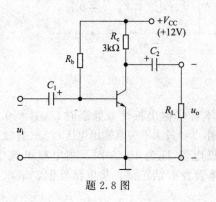

题 2.8 图

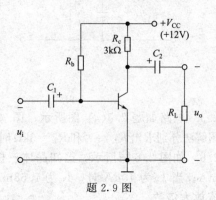

题 2.9 图

实用模拟电子技术分析与应用

参数变化	I_{BQ}	U_{CEQ}	$|\dot{A}_u|$	R_i	R_o
R_b增大					
R_c增大					
R_L增大					

2.10 电路如题 2.10 图所示，晶体管的 $\beta=100$，$r_{bb'}=100\Omega$。

(1) 求电路的 Q 点、$\dot{A}_u$、R_i 和 R_o；

(2) 若电容 C_e 开路，则将引起电路的哪些动态参数发生变化？如何变化？

2.11 试求题 2.11 图所示电路 Q 点、$\dot{A}_u$、R_i 和 R_o 的表达式。设静态时 R_2 中的电流远大于 T_2 管的基极电流且 R_3 中的电流远大于 T_1 管的基极电流。

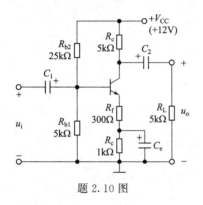
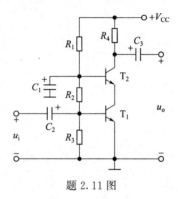

题 2.10 图　　　　　　　　　　　　　　题 2.11 图

2.12 设题 2.12 图所示电路所加输入电压为正弦波。试求：

(1) A_{u1}、A_{u2}；

(2) 画出输入电压和输出电压 u_i、u_{o1}、u_{o2} 的波形。

2.13 电路如题 2.13 图所示，晶体管的 $\beta=80$，$r_{be}=1k\Omega$。

(1) 求出 Q 点；

(2) 分别求出 $R_L=\infty$ 和 $R_L=3k\Omega$ 时电路的 $\dot{A}_u$ 和 R_i；

(3) 求出 R_o。

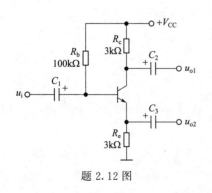
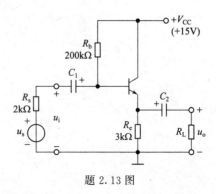

题 2.12 图　　　　　　　　　　　　　　题 2.13 图

2.14 电路如题 2.14 图所示，晶体管的 $\beta=60$，$r_{bb'}=100\Omega$。

(1) 求解 Q 点、$\dot{A}_u$、R_i 和 R_o；

(2) 设 $U_s = 10\text{mV}$（有效值），问 $U_i = ?$ $U_o = ?$ 若 C_3 开路，则 $U_i = ?$ $U_o = ?$

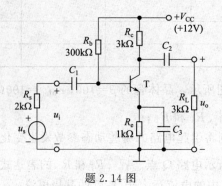

题 2.14 图

实用模拟电子技术分析与应用

项目三 分立式音频功率放大电路的制作与测试

项目分析 分立式音频功率放大电路

音频功率放大电路的原理，就是通过使用二极管和电容等电子元件，通过一定的组合，把微信号放大，典型应用就是扩音器。

扩音器是常用的、典型的电子产品。由直流稳压电源、音频前置放大路、音频功率放大路三部分组成。根据使用方式，可分为有线扩音器和无线扩音器；根据使用用途，可分为教学类扩音器、导游类扩音器、娱乐类扩音器。如图 3-0-1 所示。

(a) 喊话器   (b) 影音扩音器

图 3-0-1 音频功率放大器的应用

扩音器根据其体积、使用方式及用途可分为多种类型，各有其使用优势所在。便携式扩音器因形状大小、喇叭所限，一般功率都只有 3～8W。而无线扩音器与有线扩音器则体积大小各不同，用途各异，体积较小的适合教师、导游使用，挂在腰间，使双手发挥更为自由，其功率一般也在 3～8W。体积大的适用于室外活动、夏令营、课外演讲等人流量大的地方，功率则在 35～95W。锂电扩音器则是根据其使用的电池类型所作分类中的一种。它解决了传统干电池对环境的污染问题，它主要是采用手机锂电技术给扩音器供电。

扩音器就是把接收进来的信号，通过电子元件的组合把信号放大，经过功率电路把放大的信号，通过扬声器放出声音，其动作原理是把电气讯号转换为声音讯号的转换器，其工作过程如图 3-0-2 所示。

扩音器基本覆盖了音频放大电路的全部内容，综合性很强，并且每一部分都是一个独立的单元电路。本项目包括前置放大器和功率放大器两部分然后加上一些辅助电路，连接在一起，通过调试，就构成一个可以实际应用的扩音器，如图 3-0-3 所示。前置放大器在项目 2

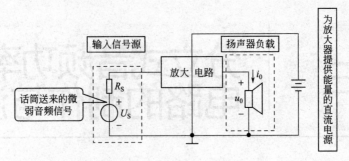

图 3-0-2　扩音器的工作过程

中已经介绍，本项目主要针对功率放大部分进行阐述。

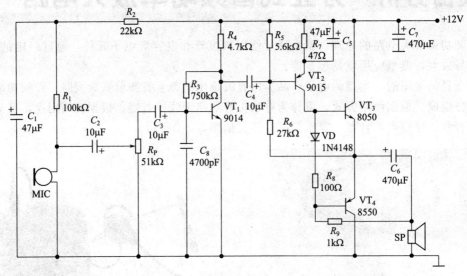

图 3-0-3　扩音器的放大电路原理图

　　扩音器电路满足了我们放大电路的基本结构，现将扩音器的放大电路分为两个单元电路：前置放大电路和功率放大电路。前置放大电路包括共射放大电路、共集放大电路等。扩音器的组成框图如图 3-0-4 所示。

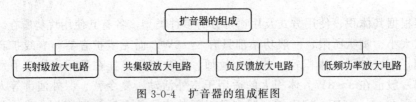

图 3-0-4　扩音器的组成框图

　　（1）前置放大电路的功能：前置放大器是各种音源设备和功率放大器之间的连接设备，音源设备的输出信号电平都比较低，不能推动功率放大器正常工作，而前置放大器正是起到信号放大的作用。前级是电压放大，也是整套器材中对音色影响最大的部分。图 3-0-3 中的共射放大电路和共集放大电路均属于前置放大电路。

　　（2）负反馈放大电路的功能：改善放大电路的工作性能，如稳定放大倍数、减少非线性失真、扩展通频带等。

　　（3）功率放大电路的功能：输出足够大的功率去驱动负载，如扬声器。后级主要是电流放大。

实用模拟电子技术分析与应用

模块 1　负反馈放大电路的分析与测试

任务 1　反馈放大电路的认识

1. 反馈的概念

反馈在电子技术中得到了广泛的应用。在各种电子设备中，人们常采用反馈的方法来改善电路的性能，以达到预定的指标。凡在精度、稳定性等方面要求比较高的放大电路，大都包含着某种形式的反馈。

在电子系统中，如图 3-1-1 所示，把放大电路输出回路中某一电量（电压或电流）的部分或全部送回到放大电路的输入端，用来影响输入量，这就是反馈。

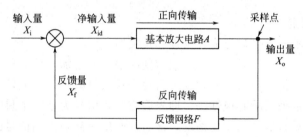

图 3-1-1　反馈放大电路的一般方框图

反馈元件：反馈电路中，既与输入回路相连，又与输出回路相连，同时与反馈支路相连且对反馈信号的大小产生影响的元件。

由图 3-1-1 可知：

① A：无反馈时的放大倍数；

② F：反馈网络的反馈系数；

③ X_i：放大电路的输入信号；

④ X_{id}：净输入信号；

⑤ X_f：反馈信号；

⑥ X_o：输出信号。

2. 反馈放大电路的一般表达式

（1）基本放大电路（无反馈）放大倍数：

$$A = \frac{X_o}{X_{id}}（开环）；$$

（2）反馈网络的反馈系数：

$$F = \frac{X_f}{X_o}$$

（3）反馈放大电路放大倍数：

$$A_f = \frac{X_o}{X_i}（闭环）；$$

（4）基本放大电路净输入信号：

$$X_{id} = X_i - X_f;$$

(5）闭环放大电路放大倍数（增益）：

$$A_f = \frac{A}{1+AF}$$

3. 关于反馈深度的讨论

$|1+AF|$ 称为反馈深度，一般有四种情况：

(1) $|1+AF| > 1$ 时，$|A_f| < |A|$，负反馈；

(2) $|1+AF| \gg 1$ 时，深度负反馈；

(3) $|1+AF| < 1$ 时，$|A_f| > |A|$，正反馈；

(4) $|1+AF| = 0$ 时，$|A_f| \to \infty$，自激振荡。

任务 2　反馈电路类型的判别

1. 正负反馈的判定

根据反馈极性的不同，可以分成正反馈和负反馈。

(1) 正反馈：输入量不变时，引入反馈后使净输入量增加，放大倍数增加。

(2) 负反馈：输入量不变时，引入反馈后使净输入量减小，放大倍数减小。

正负反馈的判定常采用瞬时极性法。即先假定输入信号为某一个瞬时极性，然后逐级推出电路其他有关各点瞬时信号的变化情况，最后判断反馈到输入端信号的瞬时极性是增强还是削弱了原来的输入信号。

如图 3-1-2（a）所示，对于由三极管组成的放大电路来说，正负反馈的判定过程如下：

① 先假定外加输入信号电压 u_i 处于某一瞬时极性，如用 "+" 号。

② 按照信号单向传输的方向，同时根据放大电路基射同相、基集反相的原则，判断出反馈信号 u_f 的瞬时极性。

③ 当输入信号 u_i 和反馈信号 u_f 在相同端点时，两者为同极性，为正反馈；二者极性相反，为负反馈。

④ 当输入信号 u_i 和反馈信号 u_f 不在相同端点时，两者同极性，为负反馈；二者极性相反，为正反馈。

如图 3-1-2（b）所示，对由运算放大器构成的放大电路来说，正负反馈的判定过程如下：

① 反馈信号送回到反相输入端的为负反馈；

② 反馈信号送回到同相输入端的为正反馈。

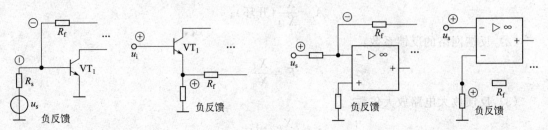

(a) 三极管组成的放大电路　　　　　　　　(b) 运算放大器构成的放大电路

图 3-1-2　正负反馈的判别

实用模拟电子技术分析与应用

2. 交直流反馈的判定

根据反馈信号本身的交、直流性质，可以分为直流反馈和交流反馈。

（1）直流反馈：若电路将直流量反馈到输入回路。电路中引入直流反馈的目的，一般是为了稳定静态工作点 Q。

（2）交流反馈：若电路将交流量反馈到输入回路。交流反馈，影响电路的交流工作性能。

对于交直流反馈的判别方法如下：

① 在直流通路中，如果反馈回路存在，即为直流反馈；

② 在交流通路中，如果反馈回路存在，即为交流反馈；

③ 如果在直、交流通路中，反馈回路都存在，即为交、直流反馈。

直流反馈的作用是稳定静态工作点，而对于放大电路的各项动态性能（如放大倍数、通频带、输入及输出电阻等）没有影响。各种不同类型的交流负反馈将对放大电路的各项动态指标产生不同的影响，是用以改善电路技术指标的主要手段。

3. 电压、电流反馈的判定

根据反馈信号在放大电路输出端采样方式的不同，可以分为电压反馈和电流反馈。

（1）电压反馈：反馈信号从输出电压 u_o 采样。

（2）电流反馈：反馈信号从输出电流 i_o 采样。

为了判断放大电路中引入的反馈是电压反馈还是电流反馈，一般可先假设将输出端交流短路（即令输出电压等于零），观察此时是否仍有反馈信号。如果反馈信号不复存在，则为电压反馈，否则为电流反馈。如图 3-1-3 所示。也可按照下面的原则进行电压电流反馈的判定。

① 反馈信号采样点与输出电压在相同端点的是电压反馈；

② 反馈信号采样点与输出电压在不同端点的是电流反馈。

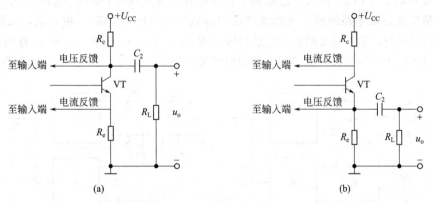

图 3-1-3 电压电流反馈的判定

4. 串并联反馈的判定

根据反馈信号与输入信号在放大电路输入回路中求和形式的不同，分为串联反馈和并联反馈。

（1）串联反馈：反馈信号 X_f 与输入信号 X_i 在输入回路中以电压的形式相加减。

（2）并联反馈：反馈信号 X_f 与输入信号 X_i 在输入回路中以电流的形式相加减。

如图 3-1-4 所示，判别方法如下：

① 输入信号 X_i 与反馈信号 X_f 在输入回路的不同端点，则为串联反馈；

② 输入信号 X_i 与反馈信号 X_f 在输入回路的相同端点，则为并联反馈。

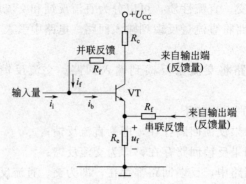

图 3-1-4 串并联反馈的判定

任务 3 深度负反馈的认识

当深度 $|1+AF| \gg 1$ 时称为深度负反馈，深度负反馈采用闭环增益，近似为反馈系数的倒数，也就是输入量接近反馈量，也就是是 $A_f \approx \dfrac{1}{F}$，说明深度负反馈时，放大倍数基本由反馈网络决定，而反馈网络一般由电阻等性能稳定的无源线性元件组成，基本不受外界因素变化的影响。当 A 的数值越大，反馈越深，A_f 与 $1/F$ 近似程度越好。因此放大倍数比较稳定。

在深度负反馈中，深度电压负反馈 R_{of} 很小，近似为 0；深度电流负反馈 R_{of} 很大，近似为 ∞；深度串联负反馈 R_{if} 很大，近似为 ∞；深度并联负反馈 R_{if} 很小，近似为 0。

深度负反馈放大电路的两输入端既满足"虚短"又满足"虚断"。换句话，如图 3-1-5 所示，深度负反馈时，输入与反馈信号接近相等，即 $u_{id} = u_+ - u_- \approx 0$，$u_i = u_f$ 称为虚短现象；深度反馈时，输入电阻很大，流经输入端的电流近似为零，即 $i_{id} = 0$，$i_i \approx i_f$，称为虚断现象。

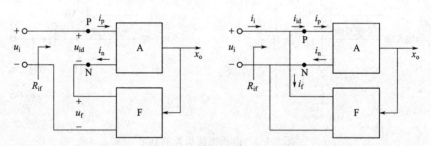

图 3-1-5 深度负反馈放大电路

深度负反馈具有如下特点：

（1）提高增益稳定性：深度负反馈条件下，闭环增益不受外围元器件参数变化影响或影响较小，从而提高增益稳定性。

（2）减小非线性失真：深度负反馈与开环增益无关，也就与开环传输中的非线性变化关系不大，从而减小非线性失真。

（3）抑制噪声：主要抑制外围器件噪声。

（4）扩展带宽：受频率变化影响较小。

例 1 估算图 3-1-6 所示放大电路的电压放大倍数。

解： 此为深度串联负反馈放大电路，反馈信号 u_f 如图 3-1-6 所标，故

$$A_{uf} = \frac{u_o}{u_i} = \frac{u_o}{u_f} = \frac{i_o R_L}{i_o R_F} = \frac{R_L}{R_F}$$

例 2 如图 3-1-7 所示为深度负反馈放大电路，试估算其电压放大倍数。

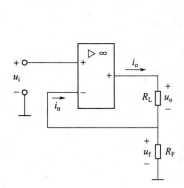

图 3-1-6 深度负反馈电路

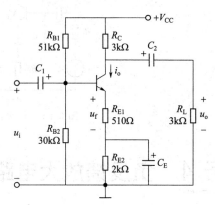

图 3-1-7 深度负反馈放大电路

解： 此为深度串联负反馈放大电路，所以 $u_f \approx u_i$，故

$$A_{uf} = \frac{u_o}{u_i} \approx \frac{u_o}{u_f} \approx \frac{-i_o(R_L /\!/ R_C)}{i_o R_{E1}} = \frac{-R_L /\!/ R_C}{R_{E1}} = -2.94$$

想一想

（1）相互讨论，完成对图 3-1-8 电路反馈类型的判别。

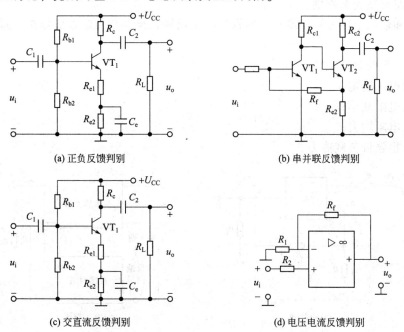

(a) 正负反馈判别

(b) 串并联反馈判别

(c) 交直流反馈判别

(d) 电压电流反馈判别

图 3-1-8 电路反馈类型的判别

（2）如图 3-1-9 所示为两级深度负反馈放大电路，试估算其源电压放大倍数、输入电阻和输出电阻。

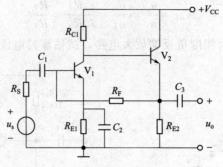

图 3-1-9　两级深度负反馈放大电路

任务 4　负反馈放大电路的应用

知识 1　负反馈放大电路组态分析

　　根据以上分析可知，实际放大电路的反馈形式是多种多样的，将着重分析各种形式的交流负反馈。对于负反馈来说，根据反馈信号在输出端采样方式以及在输入回路中求和形式的不同，共有四种组态，它们分别为电压串联负反馈、电压并联负反馈、电流串联负反馈和电流并联负反馈。

1. 电压串联负反馈（图 3-1-10）

（1）电路反馈类型判别

采样点和输出电压在同一端点，判别为电压反馈；反馈点与输入信号在不同端点，判别为串联反馈。

（2）电压串联负反馈特点

① 输出电压稳定；

② 输出电阻减小；

③ 输入电阻增大；

④ 具有很强带负载能力。

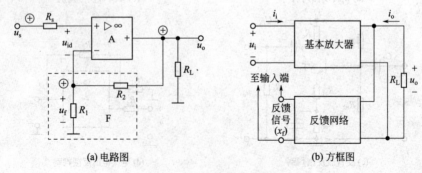

(a) 电路图　　　　　　　　　　　　　　(b) 方框图

图 3-1-10　电压串联负反馈

2. 电压并联负反馈（图 3-1-11）

（1）电路反馈类型判别

采样点和输出电压在同端点，判别为电压反馈；反馈点与输入信号在同端点，判别为并联反馈。

（2）电压并联负反馈特点

① 输出电压稳定；

② 输出电阻减小；

③ 输入电阻减小。

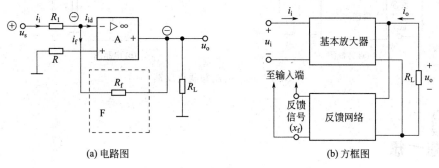

(a) 电路图   (b) 方框图

图 3-1-11　电压并联负反馈

3. 电流串联负反馈（图 3-1-12）

（1）电路反馈类型判别

采样点与输出电压在不同端点，判别为电流反馈；反馈点与输入信号在不同端点，判别为串联反馈。

（2）电流串联负反馈特点

① 输出电流稳定；

② 输出电阻增大；

③ 输入电阻增大。

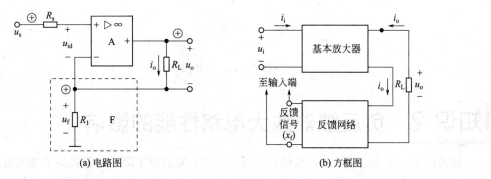

(a) 电路图   (b) 方框图

图 3-1-12　电流串联负反馈

4. 电流并联负反馈（图 3-1-13）

（1）电路反馈类型判别

采样点与输出电压在不同端点，判别为电流反馈；反馈点与输入信号在同一端点，判别为并联反馈。

（2）电流并联负反馈的特点

项目三　分立式音频功率放大电路的制作与测试

① 输出电流稳定；

② 输出电阻增大；

③ 输入电阻减小。

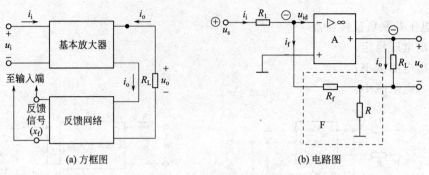

(a) 方框图　　　　　　　　　(b) 电路图

图 3-1-13　电流并联负反馈

　想一想

反馈电路如图 3-1-14 所示：

(1) 若要实现串联电压反馈，R_f 应接向何处？

(2) 要实现串联电压负反馈，运放的输入端极性如何确定？

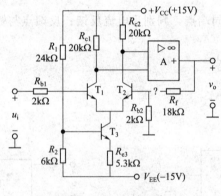

图 3-1-14　反馈电路

知识2　负反馈对放大电路性能的影响

如前所述，放大电路引入负反馈后，虽然放大倍数有所下降，但是提高了放大电路的稳定性。而且远远不止这些，采用负反馈还是能够改善放大电路的其他各项性能，例如，减小非线性失真和抑制干扰，扩展频带以及根据需要灵活地改变放大电路的输入电阻和输出电阻等等。

1. 提高放大电路的稳定性

闭环放大电路增益的相对变化量是开环放大电路增益相对变化量的 $\dfrac{1}{1+AF}$。即相对变化量越小，其稳定性越好。可见，引入负反馈后放大倍数的相对变化量 $\dfrac{\mathrm{d}A_f}{A_f}$ 为其基本放大电路放

大倍数相对变化量 $\dfrac{\mathrm{d}A}{A}$ 的 $\dfrac{1}{1+AF}$ 倍，即放大倍数 A_f 的稳定性提高到 A 的（$1+AF$）倍。

$$\frac{\mathrm{d}A_f}{A_f}=\frac{1}{1+AF}\cdot\frac{\mathrm{d}A}{A}$$

2. 减小环路内的非线性失真

三极管是一个非线性器件，放大器在对信号进行放大时不可避免地会产生非线性失真。设放大器的输入信号为正弦信号。如图 3-1-15 所示，引入负反馈，反馈回路的信号同输出信号的波形一样，使净输入信号 $X_{id}=（X_i-X_f）$ 的波形正半周幅度变小，而负半周幅度变大。经基本放大电路放大后，输出信号趋于正、负半周对称的正弦波，从而减小了非线性失真。

注意：引入负反馈减小的是环路内的失真。如果输入信号本身有失真，此时引入负反馈的作用不大。

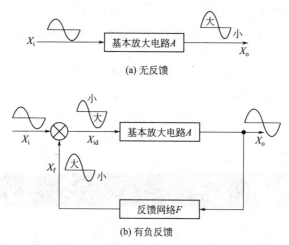

(a) 无反馈

(b) 有负反馈

图 3-1-15　引入负反馈减小失真

3. 抑制环路内的噪声和干扰

在反馈环内，放大电路本身产生的噪声和干扰信号，可以通过负反馈进行抑制，其原理与减小非线性失真的原理相同。但对反馈环外的噪声和干扰信号，引入负反馈也无能为力。

4. 扩展频带

从本质上，放大电路的通频带受到一定限制，是由于放大电路对不同频率的输入信号呈现出不同的放大倍数而造成的。

$$BW_f\approx(1+AF)BW$$

放大器引入负反馈以后，其下限频率降低，上限频率升高，通频带变宽。如图 3-1-16 所示。

5. 改变输入和输出电阻

（1）负反馈对放大电路输入电阻的影响

反馈信号与外加输入信号的求和方式不同，将对放大电路的输入电阻产生不同的影响：串联负反馈使放大电路的输入电阻增大；并联负反馈使输入电阻减小。

（2）负反馈对放大电路输出电阻的影响

反馈信号在输出端的采样方式不同，将对放大电路的输出电阻产生不同的影响：电压负反馈使放大电路的输出电阻减小；电流负反馈使输出电阻增大。

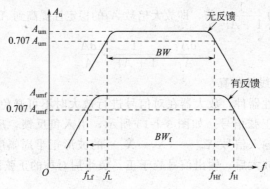

图 3-1-16 负反馈扩展频带

6. 放大电路引入负反馈的一般原则

（1）稳定放大电路的静态工作点 Q，引入直流负反馈。

（2）改善放大电路的动态性能（如增益的稳定性、稳定输出量、减小失真、扩展频带等），引入交流负反馈。

（3）稳定输出电压，减小输出电阻，提高电路的带负载能力，引入电压负反馈。

（4）稳定输出电流，增大输出电阻，引入电流负反馈。

（5）提高电路的输入电阻，减小电路向信号源索取的电流，引入串联负反馈。

（6）要减小电路的输入电阻，应该引入并联负反馈。

做一做　负反馈放大器的测试

负反馈放大电路如图 3-1-17 所示。

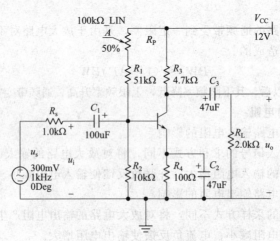

图 3-1-17　负反馈放大电路

1. 静态工作点的测试

使 $u_s=0$，调节 R_P，使 $U_{CEQ}=3V$，测试出 U_{BEQ}，计算出 I_{CQ}，填入表 3-1-1。

表 3-1-1　静态测试指标

静　态	U_{CEQ}	U_{BEQ}	I_{CQ}(计算值)
C_2接入			
C_2断开			

2. 测试动态指标

使 $u_s=50mV$，$f=1kHz$，加入电路，测试 u_s、u_o，断开 R_L 后，再测试 u'_O，计算出 A_u，同时通过测量输入输出电流，计算出 R_i、R_o，填入表 3-1-2。

表 3-1-2　动态测试指标

$U_i=300mV, f=1kHz$	u_s	u_o	u'_o	A_u	R_i	R_o
C_2接入						
C_2断开						

想一想

(1) 试着判断本测试电路的反馈类型。

(2) 观看测试现象，并从现象总结负反馈对放大电路性能的影响。

(3) 需要一个电流控制的电压源，应选择_____负反馈。

(4) 某仪表放大电路要求 R_i 大，输出电流稳定，应选择_____负反馈。

(5) 为减小从信号源索取的电流并增强带负载能力，应引入_____负反馈。

(6) 需要一个阻抗变换电路，要求输入电阻大、输出电阻小，应选用_____负反馈。

模块 2　功率放大电路的分析与测试

任务 1　功率放大电路的认识

知识 1　功率放大电路的认识

在一些电子设备中，常常要求放大电路的输出级能够带动某种负载，例如电表，驱使指针偏转；驱动扩音器的扬声器使之发声等，如图 3-2-1 所示，因而要求放大电路有足够大的输出功率。这种放大电路通称为功率放大电路。功率放大电路在多级放大电路中处于最后一级，又称输出级。

音频功率放大器是音响系统中不可缺少的重要部分，其主要任务是将音频信号放大到足

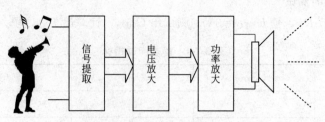

图 3-2-1　扩音系统

以推动外接负载，如扬声器、音响、指示表头、记录器等。

1. 功率放大电路的特点

（1）由于功放电路的主要任务是向负载提供一定的功率，因而输出电压和电流的幅度足够大。

（2）由于要求输出信号幅度大，通常使三极管工作在极限应用状态，即三极管工作在接近饱和区与截止区的工作状态，因此输出信号存在一定程度的失真。

（3）功率放大电路在输出功率的同时，三极管消耗的能量也较大，因此三极管的管耗和散热问题不能忽视。

（4）功率放大电路工作在大信号运用状态，因此只能采用图解法进行估算。

2. 功率放大电路的性能要求

（1）效率尽可能高

功放通常工作在大信号情况下，所以输出功率和功耗都较大，效率问题突显。我们期望在允许的失真范围内尽量减小损耗。

（2）具有足够大的输出功率

为获得最大的功率输出，要求功放管工作在接近"极限运用"状态。选用时应考虑管子的三个极限参数 I_{CM}、P_{CM} 和 $U_{(BR)CEO}$。

（3）非线性失真尽可能小

处于大信号工况下的管子不可避免地存在非线性失真。但应考虑在获得尽可能大的功率输出下将失真限制在允许范围内。

（4）散热条件要好

功放管工作在"极限运用"状态，因而造成相当大的结温和管壳温升。散热问题应充分重视，应采取措施使功放管有效地散热。

注意：由于功放电路中的三极管通常工作在大信号状态，因此在进行分析时，一般不能采用微变等效电路法，而常常采用图解法来分析放大电路的静态和动态工作情况。

3. 功率放大电路与小信号放大电路的区别

（1）小信号放大器在多级放大器的前端。输入、输出信号的幅度较小，以放大信号电压为主。

（2）多级放大器的末级被称为功率放大器。输入、输出信号幅度较大。

知识2　功率放大电路的分类

根据在正弦信号整个周期内的导通情况，功率放大电路有以下几种工作状态：甲类、乙类、甲乙类及丙类。其中，前 3 种为典型工作状态。如图 3-2-2 所示。

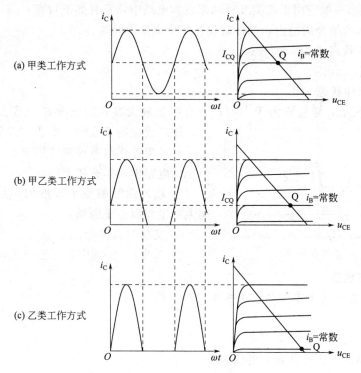

图 3-2-2　功率放大电路的典型工作状态

1. 甲类工作状态

一个周期内导通，如图 3-2-3 所示。

这种功放的工作原理是输出器件晶体管始终工作在传输特性曲线的线性部分，在输入信号的整个周期内输出器件始终有电流连续流动，这种功放失真小，但效率低，约为 50%，功率损耗大，一般应用在家庭的高档机较多。

甲类工作状态一般应用于小信号放大电路中，具有如下特点：

① 输入信号的整个周期内，晶体管均导通；

② 效率低，一般只有 30% 左右，最高只能 50%。

2. 乙类工作状态

导通角等于 180°，如图 3-2-4 所示。

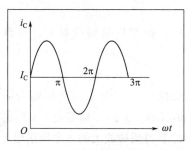

图 3-2-3　甲类导通情况

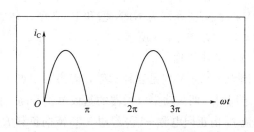

图 3-2-4　乙类导通情况

两只晶体管交替工作，每只晶体管在信号的半个周期内导通，另半个周期内截止。该类功放效率较高，约为 78%，但缺点是容易产生交越失真。

项目三　分立式音频功率放大电路的制作与测试

乙类工作状态一般应用于乙类互补功率放大电路中，具有如下特点：

① 输入信号的整个周期内，晶体管仅在半个周期内导通；

② 效率高，最高可达 78.5%；

③ 存在交越失真。

3. 甲乙类工作状态

如图 3-2-5 所示，导通角大于 180°；兼有甲类放大器音质好和乙类放大器效率高的优点，被广泛应用于家庭、专业、汽车音响系统中。

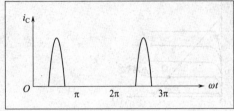

甲乙类工作状态通常应用于互补对称式低频功率放大电路中，具有如下特点：

① 输入信号的整个周期内，晶体管导通，时间大于半周而小于全周；

② 交越失真改善；

③ 效率较高。（甲类与乙类之间）

图 3-2-5　甲乙类导通情况

4. 丙类工作状态

通常应用于发射机中作为高频功率放大器，具有如下特点：

① 管子导通时间小于半个周期；

② 效率很高。理想最高效率可达 85%。

任务 2　互补对称功率放大电路的分析与测试

知识 1　OCL 互补功率放大电路的认识

双电源互补对称、无输出电容的功率放大电路，这种功放电路简称为 OCL 互补功率放大电路。

1. OCL 乙类功率放大电路

选两只特性相同、类型不同的三极管，使它们工作在乙类放大状态，一只负担正半周信号的放大，另一只负担负半周信号的放大，在负载上将这两个输出波形合在一起，得到一个完整的放大了的波形，这就是乙类互补功率放大电路。

（1）结构

VT_1、VT_2 分别为 NPN 型和 PNP 型晶体管，要求 VT_1 和 VT_2 管特性对称，并且正负电源对称。如图 3-2-6 所示。

（2）工作原理

因为 VT_1、VT_2 是互补对管，静态时中点（A 点）的电位 $U_A = 0V$。当基极输入信号 u_i 在正半周时，两只功率放大器的基极电位升高，使 VT_1 正偏导通，VT_2 反偏截止，VT_1 的集电极电流 i_{c1} 由正向电源 $+V_{CC}$ 经过 VT_1 流向负载 R_L，这样 R_L 上得到被放大的正半周信号电流。

当基极输入信号 u_i 负半周时，两只功率放大管的基极电位下降，使 VT_2 正偏导通，VT_1 截止，电流 i_{c2} 由 R_L 流向 VT_2 的发射极，最后回到 $-V_{CC}$，这样 R_L 上得到被放大的负半周信号电流。

可见，在输入信号 u_i 的整个周期内，VT_1、VT_2 两管轮流交替地工作，分别放大信号的正、负半周，相互补充，从而在负载上得到完整的信号波形，如图 3-2-7 所示。由于该电路又采用两个正负电源供电，所以又称为双电源互补对称电路。此时，该电路相当于两射极输出器的结构。

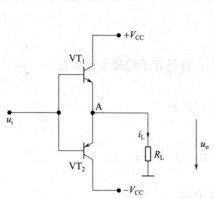

图 3-2-6　OCL 乙类功率放大电路

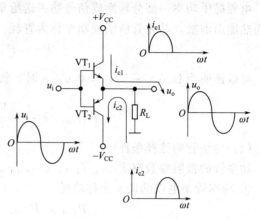

图 3-2-7　工作原理图

（3）性能指标计算

互补对称功率放大电路的性能指标主要有输出功率、电源供给功率、管耗及效率等。

① 输出功率 P_o。

输出功率是负载 R_L 上的电流与电压 U_o 有效值的乘积，设在 R_L 上的电压和电流的峰值分别为 U_{CEM} 和 I_{CM}，则

$$P_o = \frac{I_{CM}}{\sqrt{2}} \cdot \frac{U_{CEM}}{\sqrt{2}} = \frac{1}{2} I_{CM} \cdot U_{CEM} = \frac{1}{2} \frac{U_{oM}^2}{R_L}$$

当输入信号足够大时，则 U_{oM} 可达到最大值 $V_{CC} - U_{CES}$，这时输出功率也达到最大值，其值为

$$P_{oM} = \frac{1}{2} \frac{(V_{CC} - U_{CES})^2}{R_L}$$

若忽略 U_{CES}，则

$$P_{oM} \approx \frac{1}{2} \frac{V_{CC}^2}{R_L}$$

② 直流电源供给功率 P_V

直流电源供给功率是供给管子的直流平均电流 I_{CAV} 与电源电压 V_{CC} 的乘积。相对于正、负电源同一电压值而言，I_{CAV} 相当于单相全波整流电流波形直流成分，即

$$I_{CAV} = \frac{2}{\pi} I_{cM} = \frac{2U_{cM}}{\pi R_L}$$

故

$$P_V = I_{CAV} \cdot V_{CC} = \frac{2U_{cM}}{\pi R_L} \cdot V_{CC}$$

③ 效率

功率放大电路的效率是指输出功率与电源供给功率之比

$$\eta = \frac{P_o}{P_V} = \frac{\pi U_{oM}}{4 V_{CC}}$$

在理想情况下，$U_{oM} = V_{CC} - U_{CES} \approx V_{CC}$，则

$$\eta = \frac{\pi}{4} \approx 78.5\%$$

④ 晶体管的最大管耗 $P_{T(max)}$

电源提供功率一部分转换成信号功率送给负载，另一部分被晶体管的集电极所消耗，转化为热能而消散，晶体管所消耗功率称为管耗。

$$P_V = P_o + P_T$$

可以证明当 $U_{oM} = \frac{2}{\pi} V_{CC} \approx 0.6 V_{CC}$ 时，管耗最大，每只管子的最大管耗为

$$P_{T(max)} = \frac{1}{\pi^2} \cdot \frac{V_{CC}^2}{R_L} \approx 0.2 P_{oM}$$

（4）功率管的选择条件

功率管的极限参数有 P_{CM}、I_{CM}、$U_{(BR)CEO}$，应满足下列条件：

① 功率管集电极的最大允许功耗

$$P_{CM} \geqslant P_{T(max)} = 0.2 \, P_{oM}$$

② 功率管的最大耐压

$$U_{(BR)CEO} \geqslant 2 \, V_{CC}$$

③ 功率管的最大集电极电流

$$I_{CM} \geqslant \frac{V_{CC}}{R_L}$$

（5）电路存在问题分析

在对图 3-2-8（a）电路工作原理的讨论时，没有考虑三极管死区电压的影响，认为三极管此时为理想工作状态。实质是由于电路中没有直流偏置，三极管应工作于乙类状态。

如图 3-2-8（b）所示，设输入信号 u_i 为正弦波，在正负半周 R_L 上得到的电流分别是 i_{c1}（近似等于 i_{e1}）和 i_{c2}（近似等于 i_{e2}），由于输入信号要克服死区电压才能使三极管导通放大，因此在 R_L 上虽然也能得到一个完整正弦波，但在波形上却存在着一定的失真。把这种出现在输出波形正负半周交界处的失真，称为交越失真。

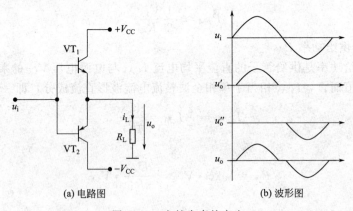

(a) 电路图　　　　　　　　(b) 波形图

图 3-2-8　交越失真的产生

交越失真产生的原因是由于三极管发射结死区电压的存在（硅管约为 0.6V，锗管约为 0.2V），输入信号电压小于功率放大管死区电压时，功率放大管处于截止状态，输出电流为零。只有在输入信号克服死区电压后才能导通，因此输出波形会产生交越失真。

实用模拟电子技术分析与应用

如果音响功率放大器出现交越失真，会使声音质量下降。

2. OCL 甲乙类互补功率放大电路

因为 OCL 电路工作在乙类工作状态，不可避免地存在着交越失真，如果在电路的结构上采取措施则可以有效克服交越失真。图 3-2-9 所示为改进后的 OCL 电路。电路中 VD_1、VD_2 给 VT_2、VT_3 发射结加适当的正向偏压，提供一定的静态偏置电流，使 VT_2、VT_3 导通时间稍微超过半个周期，即工作在甲乙类状态。

VD_1、VD_2 起到提供偏置电压的作用，静态时，三极管 VT_2、VT_3 处于微导通状态，这样就克服了三极管死区电压对输入信号的影响，从而消除了交越失真。

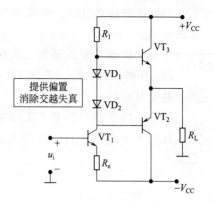

图 3-2-9 改进后的 OCL 功率放大电路

任务实施

做一做 OCL 互补功率放大电路的分析与测试

（1）按要求搭建如图 3-2-10 所示电路。

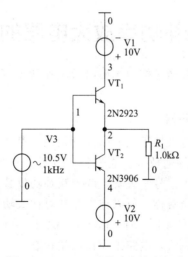

图 3-2-10 OCL 互补功率放大电路

（2）使 $u_i=0$，测量两管集电极静态工作电流，并记录：

$I_{C1}=$ _____，$I_{C2}=$ _____。

结论：互补对称电路的静态功耗_____（基本为 0/仍较大？）。

（3）保持步骤（2），改变 u_i，使其 $f_i=1kHz$，$U_{im}=10.5V$，用示波器（DC 输入端）同时观察 u_i、u_o 的波形，并记录波形。

结论：互补对称电路的输出波形_____（基本不失真/严重失真？）。

（4）保持步骤（3），不接 VT_2，用示波器（DC 输入端）同时观察 u_i、u_o 的波形，并记录波形。

结论：晶体管 VT_1 基本工作在_____（甲类状态/乙类状态?）。

（5）保持步骤（4），不接 VT_1，接入 VT_2，用示波器（DC 输入端）同时观察 u_i、u_o 波形，并记录波形。

结论：晶体管 VT_2 基本工作在_____（甲类状态/乙类状态?）。

（6）保持步骤（5），再接入 VT_1，用示波器测量 u_o 幅度 U_{oM}，计算输出功率 P_o 并记录：

$$P_o = \frac{1}{2} \times \frac{U_{oM}^2}{R_L} = \underline{\qquad}$$

（7）保持步骤（6），用万用表测量电源提供的平均直流电流 I_0 值，计算电源提供功率 P_V、管耗 P_{VT} 和效率 η，并记录：$I_0 = \underline{\qquad}$，$P_V = 2V_{CC}I_0 = \underline{\qquad}$。$P_{VT} = P_V - P_o = \underline{\qquad}$，$\eta = \frac{P_o}{P_V} = \underline{\qquad} \%$。

结果表明，互补对称电路相对于甲类放大电路，其效率_____（较高/较低?）。

想一想

（1）在实验中，为什么要使用 NPN、PNP 两种结构的三极管？

（2）互补对称电路的输出波形是否理想？如果不理想，造成的原因是什么？怎么改进？

知识2　OTL 互补功率放大电路的认识

单电源互补对称功率放大电路又称为无输出变压器功率放大器，简称 OTL 互补功率放大电路。

1. OTL 乙类互补功率放大电路

互补对称电路是由两个导电极性不同的晶体管构成，其中 NPN 型管对正半周信号导通放大，PNP 型管对负半周信号导通放大。它们彼此互补，推挽放大一个完整的信号，不需要输入变压器对信号倒相。为了信号不失真，两个互补功放的 β 值和饱和压降等参数应当一致，即两个互补管电路要完全对称，所以称为互补对称式功放电路。

电路如图 3-2-11 所示，静态（$u_i = 0$）时，$U_B = 0$、$U_E = 0$，偏置电压为零，VT_1、VT_2 均处于截止状态，负载中没有电流，电路工作在乙类状态。

动态（$u_i \neq 0$）时，在 u_i 的正半周 VT_1 导通而 VT_2 截止，VT_1 以射极输出器的形式将正半周信号输出给负载；在 u_i 的负半周 VT_2 导通而 VT_1 截止，VT_2 以射极输出器的形式将负半周信号输出给负载。可见在输入信号 u_i 的整个周期内，VT_1、VT_2 两管轮流交替地工作，互相补充，使负载获得完整的信号波形，故称互补对称电路。由于 VT_1、VT_2 都工作在共集电极接法，输出电阻极小，可与低阻负载 R_L 直接匹配。

从工作波形可以看到，在波形过零的一个小区域内输出波形产生了交越失真，原因是由于 VT_1、VT_2 发射结静态偏压为零，当输入信号 u_i 小于晶体管的发射结死区电压时，两个晶体管都截止，在这一区域内输出电压为零，使波形失真。

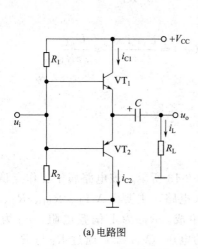 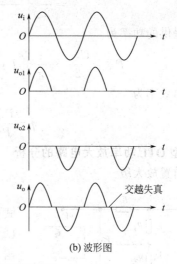

(a) 电路图　　　　　　　　　　(b) 波形图

图 3-2-11　OTL 乙类互补对称电路

2. OTL 甲乙类互补功率放大电路

为了减小交越失真，可给 VT_1、VT_2 发射结加适当的正向偏压，以便产生一个不大的静态偏流，使 VT_1、VT_2 导通时间稍微超过半个周期，即工作在甲乙类状态，如图 3-2-12 所示。图中二极管 VD_1、VD_2 用来提供偏置电压，使电路工作于甲乙类。静态时，三极管 VT_1、VT_2 虽然都已基本导通，但因它们对称，U_E 仍为零，负载中仍无电流流过。

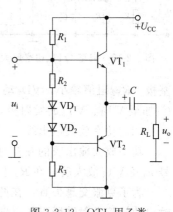

动态时，设 u_i 加入正弦信号。正半周 VT_2 截止，VT_1 基极电位进一步提高，进入良好的导通状态；负半周 VT_1 截止，VT_2 基极电位进一步提高，进入良好的导通状态。

因电路对称，静态时两个晶体管发射极连接点电位为电源电压的一半，负载中没有电流。动态时，在 u_i 的正半周 VT_1 导通而 VT_2 截止，VT_1 以射极输出器的形式将正半周信号输出给负载，同时对电容 C 充电；在 u_i 的负半周 VT_2 导通而 VT_1 截止，电容 C 通过 VT_2、R_L 放电，VT_2 以射极输出器的形式将负半周信号输出给负载，电容 C 在这时起到负电源

图 3-2-12　OTL 甲乙类互补功率放大电路

的作用。为了使输出波形对称，必须保持电容 C 上的电压基本维持在 $U_{CC}/2$ 不变，因此 C 的容量必须足够大。

假设 u_i 为正弦波且幅度足够大，VT_1、VT_2 导通时均能饱和，此时输出达到最大值。则在如图 3-2-12 所示电路中，每个功放管的电源电压为 $U_{CC}/2$，若集电极负载为 R_L，则在放大器输出最大功率时，输出管的集电极电压为

$$U_{CEM} = \frac{U_{CC}}{2} - U_{CES} \approx \frac{U_{CC}}{2}$$

（忽略饱和压降和穿透电流）则 OTL 功放的最大输出功率为

$$P_{oM} = \frac{1}{2} U_{CEM} I_{CM} = \frac{1}{2} \frac{U_{CEM}^2}{R_L}$$

$$= \frac{1}{2} \times \frac{(\frac{U_{CC}}{2} - U_{CES})^2}{R_L} \approx \frac{1}{8} \frac{U_{CC}^2}{R_L}$$

电源提供的功率为

$$P_V = \frac{U_{CC}}{2} \times \frac{1}{\pi} \int_0^\pi I_{cM} \sin \omega t \, d(\omega t) = \frac{U_{CC} I_{cM}}{\pi} \approx \frac{U_{CC}^2}{2\pi R_L}$$

则输出效率为

$$\eta = \frac{P_{oM}}{P_V} \approx \frac{\pi}{4} = 78.5\%$$

3. 典型 OTL 功率放大电路的分析

（1）前置放大级

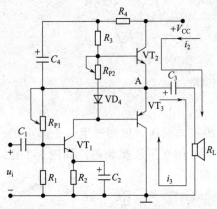

图 3-2-13　典型 OTL 功率放大电路

如图 3-2-13 所示，该电路属于工作点稳定的分压式前置放大电路，主要由 VT_1、R_{P1}、R_1、R_2、R_3、C_2 等元件组成。R_{P1} 为上偏置电阻，R_1 为下偏置电阻，A 点的电压（$V_{CC}/2$）通过 R_P 与 R_1 分压后为前置放大管 VT_1 提供基极电压；R_{P1} 另一端连接输入端，因此还起到了电压并联负反馈的作用，可以稳定静态工作点和提高输出信号电压的稳定度；

R_2 是 VT_1 管的发射极电阻，起稳定静态电流的作用；C_2 并联在 R_2 上起交流旁路的作用，这样 R_1 只起直流负反馈作用，而无交流负反馈，使放大倍数不会因 R_2 而降低；R_3 是 VT_1 的集电极电阻，可将放大的电流转换为信号电压，一端加至输出管 VT_1 和 VT_2 的基极（R_{P2} 阻值较小，VD_4 动态电阻很小，因此两者对信号的流通影响不大），另一端通过 C_4 加至 VT_2、VT_3 的发射极，它为功率放大输出级提供足够的推动信号。

（2）功率放大输出级

功率放大输出级的互补对管是 VT_2 和 VT_3，与前置放大级采用直接耦合方式。输入信号 u_i 经 VT_1 放大后，在 R_3 上获得反相的放大信号，该信号加到输出功放管的输入端。

为了克服交越失真，在两个互补管的基极之间串接二极管 VD_4 和微调电阻 R_{P2}，以提供输出功放管发射结所需的正向偏压，调节 R_{P2} 可以调整输出功放管静态工作点，使之有合适的集电极电流。

为了改善输出波形，电路增加了 R_4、C_4 组成的自举电路。在输出端电压向 V_{CC} 接近时，VT_2 的基极电流较大，在偏置电阻 R_3 上产生压降，使 VT_2 的基极电压低于电源电压 V_{CC}，因而限制了其发射极输出电压的幅度，使输出信号顶部出现平顶失真，如图 3-2-14 所示。

接入较大电容量的电容 C_4 后，C_4 上充有上正下负的电压，可看为一个电源。当输出端 A 点电位升高时，C_4 上端电压随之升高，使 VT_2 的基极电位升高，基极可获得高于电源 V_{CC} 的自举电压，即可克服输出电压顶部失真的问题。R_4

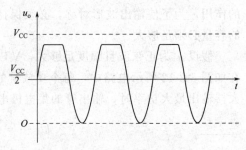

图 3-2-14　输出信号顶部失真波形图

将电源 V_{CC} 与 C_4 隔开，使 VT_2 的基极可获得高于电源电压 V_{CC} 的自举电压。

任务实施

做一做　OTL 互补功率放大电路的分析与测试

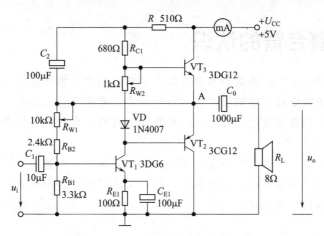

图 3-2-15　OTL 互补功率放大电路

OTL 互补功率放大电路如图 3-2-15 所示。

1. 静态工作点的测试

电位器 R_{W2} 置最小值，R_{W1} 置中间位置，通 +5V 电源。

（1）调节输出端中点电位 U_A。

调节电位器 R_{W1}，用直流电压表测量 A 点电位，使 $U_A = \frac{1}{2}U_{CC}$。

（2）调整输出极静态电流及测试各级静态工作点

调节 R_{W2}，使 VT_2、VT_3 管的 $I_{C2} = I_{C3} = 5 \sim 10 \text{mA}$。

$I_{C2} = I_{C3} = $_____ mA　　$U_A = $_____ V

测试指标填入表 3-2-1。

表 3-2-1　测试指标

	VT_1	VT_2	VT_3
U_B/V			
U_C/V			
U_E/V			

2. 最大输出功率 P_{oM} 和效率 η 的测试

（1）测量 P_{oM}。

输入端接 $f = 1\text{kHz}$ 的正弦信号 u_i，输出端用示波器观察输出电压 u_o 波形。逐渐增大

u_i，使输出电压达到最大不失真输出，用交流毫伏表测出负载 R_L 上的电压 U_{oM}，则

$$P_{oM} = \frac{U_{oM}^2}{R_L}$$

（2）测量 η

当输出电压为最大不失真输出时，读出直流毫安表中的电流值，此电流即为直流电源供给的平均电流 I_{dc}（有一定误差），由此可近似求得 $P_E = U_{CC} I_{dc}$，再根据上面测得的 P_{oM}，即可求出 $\eta = \dfrac{P_{oM}}{P_E}$。

3. 根据测试结果，总结现象，分析原理

知识 3 复合管的认识

在功率放大电路的末级，通常要求有比较大的电流放大倍数和足够的功率输出。由于大功率三极管的电流放大倍数往往较小，在实际应用中，常采用放大倍数大的小功率晶体管和放大倍数低的大功率晶体管复合而成，这样的复合管具有较大的电流放大倍数和输出功率。

1. 复合管的组合方式

把两个或两个以上的三极管按一定规律连接起来，等效一个管子使用，即为复合管。组合成复合管的原则是：参与复合的晶体管各电极上电流都能按各自的正确方向流动。根据组合原则，复合管有四种组合方式，如图 3-2-16（a）、（b）、（c）、（d）所示。

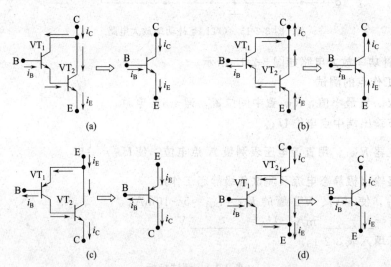

图 3-2-16 复合管的四种组态

2. 组合成复合管的特点

（1）复合管的电流放大倍数等于两只参与复合的晶体管电流放大倍数 β_1 与 β_2 之积，即 $\beta = \beta_1 \beta_2$；

（2）复合管的导电类型（NPN 或 PNP）取决于参与复合 β_1 的第一只晶体管的类型（或称"前管"），如图 3-2-16 中的 VT_1；

（3）前一只晶体管的基极作为复合管的基极，依据前一只晶体管的发射极与集电极来确定复合管的发射极与集电极。两管复合时，前管的集电极与发射极应接在后管的基极与集电

极之间，且保证复合管形式。

（1）有人说："在功率放大电路中，输出功率最大时，功放管的功率损耗也最大。"这种说法对吗？设输入信号为正弦波，对于工作在甲类的功率放大电路和工作在乙类的互补对称功率放大电路来说，这两种电路分别在什么情况下管耗最大？

（2）简述 OCL 功放电路存在的问题及其产生原因，该如何解决？

（3）如图 3-2-17 所示电路为某 OTL 功放电路的一部分，图 3-2-17 中的 R_3 与 C_1 组成什么电路？如何理解它们在电路中的工作原理？

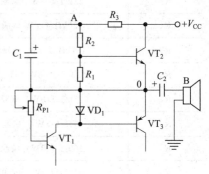

图 3-2-17　OTL 功放电路的局部电路

模块 3　分立式音频功率放大电路的制作与测试

1. 工作原理

本电路的工作原理和电路图请参照本项目的项目分析。这个电路也可以作有源音箱的放大器。虽然现在广泛使用的是集成电路功率放大器，但是通过制作一个三极管功率放大器不仅能学到电路的基础知识，而且对下一个项目集成电路功率放大器的工作原理也是十分有用的。

在图 3-0-3 中，MIC 是小型驻极体话筒，电阻器 R_1 为驻极体话筒提供了一个工作电压。电阻器 R_2 和电容器 C_1 为滤波退耦电路，能避免自激，保证电路的稳定工作。R_P 为音量电位器，可以调节扩音器的声音大小。电容器 C_2、C_3、C_4 为音频耦合电容；C_8 是为滤除杂波防止啸叫而设置的。

三极管 VT_1 与电阻器 R_3、R_4 组成了一个典型的电压并联负反馈电路。推动级三极管 VT_2 与推挽功放管 VT_3、VT_4 是直接耦合的。电阻器 R_5、R_6 为三极管 VT_2 提供了一个稳定的工作点，电阻器 R_6 接在输出中点电压上。由于 VT_2 与推挽功放管 VT_3、VT_4 是直接耦合的，电阻器 R_6 的这种接法，起着深度的负反馈作用，使电路能够稳定的工作。同时电阻器 R_7 为 VT_2 发射极反馈电阻，进一步保证了电路静态工作点的稳定；电容器 C_5 是 VT_2 发射极旁路电容，为交流信号提供了通路，使交流信号不受反馈的影响。电阻器 R_8、R_9 与二极管 VD 是三极管 VT_2 的集电极负载。调节 R_8 的大小，可以改变推挽功放管 VT_3、VT_4 的静态工作电流；而二极管 VD 有一定的温度补偿作用，保证电路的工作稳定。

需要注意的是，电阻器 R_9 没有直接接到电源的负极上，而是通过扬声器才接到电源的负极上。这种连接有一定的自举作用，使三极管 VT_3 工作时能得到足够的驱动电流。C_6 是输出隔直流电容，也为三极管 VT_4 的工作提供了一个工作电源，它的容量越大越好。电容器 C_7 为电源滤波电容。

2. 元器件及材料的准备（表 3-3-1）

表 3-3-1　元器件清单

序　号	元器件规格	序　号	元器件规格
R_1	100kΩ、1/8W 碳膜电阻器	VT$_3$	8085 等 NPN 型三极管
R_2	22kΩ、1/8W　碳膜电阻器	VT$_4$	8550 等 PNP 型三极管
R_3	750kΩ、1/8W 碳膜电阻器	R_P	10～51kΩ 电位器
R_4	4.7kΩ、1/8W 碳膜电阻器	BM	小型驻极体话筒
R_5	5.6kΩ、1/8W 碳膜电阻器	BL	8Ω/2W 扬声器
R_6	27kΩ、1/8W　碳膜电阻器	C_8	470pF 涤纶电容器
R_7	47Ω、1/8W　碳膜电阻器	VD	1N4148 等硅二极管
R_8	100Ω、1/8W 碳膜电阻器	VT$_1$	9014 等 NPN 型三极管
R_9	1kΩ、1/8W　碳膜电阻器	VT$_2$	9015 等 PNP 型三极管
$C_1\sim C_4$	10μF/10V 电解电容器	C_6、C_7	470μF/16V　电解电容器
C_5	47μF/10V 电解电容器		

3. 电路安装测试

（1）安装

请按照电路设计好在多孔板上的装配图；然后进行电路制作；检查无误后通电试验喊话效果。

（2）测试

① 测试扩音器放大倍数。测试电路如图 3-3-1 所示（单踪示波器测试法，如运用双踪示波器时可不用此开关），测试步骤如下：

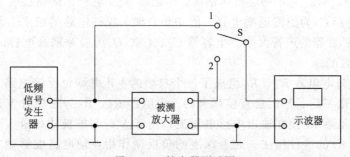

图 3-3-1　扩音器测试图

开关 S 拨至位置 "1"，用示波器观察输出信号发生器的输出信号。调节信号发生器频率为 20Hz，信号幅度峰值为 1mV（整个幅频特性曲线测试过程中，该值要注意观察，维持不变）；然后开关 S 拨至位置 "2"，用示波器测出放大器的输出电压峰值 U_{o1}＝_____，可得放大倍数 $A_{V1}＝U_o/U_i＝$_____。

② 测试扩音器的功率。

取上表中 1kHz 的输出电压峰值和喇叭阻抗 8Ω，代入公式：$P_o＝U_o^2/2R_L$ 算出喊话器的功率_____。

想一想

上述电路制作时，可通过查找资料的方式去寻找如何使用集成电路替代分立元件中的功放电路。

拓展任务 话筒及扬声器的认识

任务1 话筒的认识

传声器又称话筒，它也是一种电声换能器件，是将声音转换成电信号的器件。

传声器的种类相当多，主要有两大类：一是动圈式传声器，二是电容式传声器（这种又称为驻极体电容话筒，最为常见，如图 3-4-1 所示）。

1. 驻极体电容话筒

驻极体话筒具有体积小、结构简单、电声性能好、价格低的特点，广泛用于盒式录音机、无线话筒及声控等电路中，属于最常用的电容话筒。由于输入和输出阻抗很高，所以要在这种话筒外壳内设置一个场效应管作为阻抗转换器，为此驻极体电容式话筒在工作时需要直流工作电压。

图 3-4-1 驻极体电容话筒

驻极体电容话筒根据引出端的数量可分为两种：一是两端式的，二是三端式的。它们的符号分别如图 3-4-2 所示。

二端输出方式是将场效应管接成漏极输出电路，类似晶体三极管的共发射极放大电路。只需两根引出线，漏极 D 与电源正极之间接一漏极电阻 R，信号由漏极输出有一定的电压增益，因而话筒的灵敏度比较高，但动态范围比较小。市售的驻极体话筒大多是这种方式连接。（SONY 用在 MD 上的话筒也是这类）

三端输出方式是将场效应管接成源极输出方式，类似晶体三极管的射极输出电路，需要用三根引线。漏极 D 接电源正极，源极 S 与地之间接一电阻 R 来提供源极电压，信号由源极经电容 C 输出。源极输出的输出阻抗小于 2kΩ，电路比较稳定，动态范围大，但输出信号比漏极输出小。三端输出式话筒市场上比较少见。

无论何种接法，驻极体话筒必须满足一定的偏置条件才能正常工作。（实际上就是保证内置场效应管始终处于放大状态）

图 3-4-2　驻极体电容话筒的电路符号

驻极体话筒价格很低，损坏后做更换处理，关于驻极体话筒选配要注意以下几点：

（1）两根和三根引脚的驻极体话筒之间不能直接替代，一般情况下也不做改动电路的代替。

（2）这种话筒没有型号之分，相同引脚数的话筒可以代替，只是存在性能上的差别。

2. 动圈式话筒

动圈话筒使用较简单，无需极化电压，牢固可靠、性能稳定、价格相对便宜。在卡拉OK方面仍广泛使用着。主要由线圈、磁钢、外壳组成，如图 3-4-3 所示。

动圈式话筒是利用电磁感应现象制成的，当声波使金属膜片振动时，连接在膜片上的线圈（叫做音圈）随着一起振动，音圈在永久磁铁的磁场里振动，其中就产生感应电流（电信号），感应电流的大小和方向都变化，变化的振幅和频率由声波决定，这个信号电流经扩音器放大后传给扬声器，从扬声器中就发出放大的声音。

动圈话筒的主要故障是断线，一是话筒的插头处断线，二是话筒引线本身断线，三是在音圈处断线。通过万用表欧姆挡可以发现断线故障。

图 3-4-3　动圈式话筒

3. 话筒的检测方法

（1）驻极体电容话筒内部设有场效应管阻抗变换电路，通过万用表 R×1 挡测量内置场效应管漏极与源极之间电阻，可以判断话筒质量，测量中红表笔接电源引脚、黑表笔接输出引脚，可以测出阻值通常在几千欧。同时，对准话筒说话，表针会左右摆动，摆动的幅度越大，说明话筒的灵敏度越高。

（2）动圈式话筒同样使用万用表 R×1 挡，测量中红表笔接电源引脚、黑表笔接输出引脚，测量阻值为几十欧不等。如果测量的阻值很大或为无穷大，说明话筒已开路。

任务 2　扬声器的认识

扬声器又称"喇叭"，是一种十分常用的电声换能器件，在发声的电子电气设备中都能见到它。如图 3-4-4 所示。

扬声器有两个接线引柱，即有两根引线。这两根引线单独用时不分正、负极性，但当电路中有多个扬声器时，则极性需通过试听或万用表等方式分清。

图 3-4-4　扬声器

扬声器的种类很多，按其换能原理可分为电动式（即动圈式）、静电式（即电容式）、电磁式（即舌簧式）、压电式（即晶体式）等几种，后两种多用于农村有线广播网中；按频率范围可分为低频扬声器、中频扬声器、高频扬声器，这些常在音箱中作为组合扬声器使用。

但 2014 年在高保真系统中用来放音的扬声器主要是采用电动式扬声器。到目前为止，扬声器依然是高保真放音系统中最薄弱的环节。因此，想获得优良的放音效果，如何选择扬声器是很重要的。

可听声音的频率范围一般可达 20Hz～20kHz；其中语言的频谱范围为 150Hz～4kHz；而各种音乐的频谱范围可达 40Hz～18kHz。其平均频谱的能量分布为：低音和中低音部分最大，中高音部分次之，高音部分最小（约为中、低音部分能量的10/1）；人声的能量主要集中在 200Hz～35kHz 频率范围。这些可听随机信号幅度的峰值比它的平均值均大 10～15dB（甚至更高一点）。

因此扬声器要能正确地重放出这些随机信号，保证重放的音质优美动听，扬声器必须具有宽广的频率响应特性，足够的声压级和大的信号动态范围。希望能用相对较小的信号功率输入获得足够大的声压级，即要求扬声器具有高效率的电功率转换成声的灵敏度。此外还要求扬声器系统在输入信号适量过载的情况下，不会受到损坏，即要有较高的可靠性。还有一点是用户希望能买到"物美价廉"的好产品，即性能价格比高的产品，最后还要考虑产品的配套方式，外形结构和吊装方法等条件。

练习题

3.1　功率放大电路的转换效率是指（　　　）。

A. 输出功率与晶体管所消耗的功率之比

B. 输出功率与电源提供的平均功率之比

C. 晶体管所消耗的功率与电源提供的平均功率之比

3.2　乙类功率放大电路的输出电压信号波形存在（　　　）。

A. 饱和失真　　　　　　　　B. 交越失真　　　　　　　　C. 截止失真

3.3　乙类双电源互补对称功率放大电路中，若最大输出功率为 2W，则电路中功放管的集电极最大功耗约为（　　　）。

A. 0.1W　　　　　　　　　B. 0.4W　　　　　　　　　C. 0.2W

3.4　在选择功放电路中的晶体管时，应当特别注意的参数有（　　　）。

A. β B. I_{CM} C. I_{CBO}

D. $U_{(BR)CEO}$ E. P_{CM}

3.5 乙类双电源互补对称功率放大电路的转换效率理论上最高可达到（   ）。

A. 25%   B. 50%   C. 78.5%

3.6 乙类互补功放电路中的交越失真，实质上就是（   ）。

A. 线性失真   B. 饱和失真   C. 截止失真

3.7 功放电路的能量转换效率主要与（   ）有关。

A. 电源供给的直流功率   B. 电路输出信号最大功率   C. 电路的类型

3.8 为提高功率放大器的输出功率和效率，同时又保证波形不失真，三极管应工作在状态（   ）。

A. 甲类   B. 甲乙类   C. 乙类

3.9 对功率放大器的要求主要是（   ）、（   ）、（   ）。

A. U_o高   B. P_o大   C. 功率大

D. R_i大   E. 波形不失真

3.10 OCL 电路是（   ）电源互补功率放大电路；OTL 电路是（   ）电源互补功率放大电路。

3.11 为了消除乙类互补功率放大器输出波形的（   ）失真，而采用（   ）类互补功率放大器。

3.12 甲乙类互补功率放大器，可以消除（   ）类互补功率（   ）失真。

3.13 乙类功放在小信号工作时，因（   ）失真使得输出波形畸变更严重。

3.14 甲类、乙类和甲乙类三种放大电路相比（   ）的效率最高，（   ）的效率最低。

3.15 某乙类双电源互补对称功率放大电路中，电源电压为 ±20V，负载为 8Ω，则选择管子时，要求 $U_{(BR)CEO}$ 大于（   ）V，I_{CM} 大于（   ）A，P_{CM} 大于（   ）W。

3.16 功率放大电路根据输出幅值 U_{oM}、负载电阻 R_L 和电源电压 V_{CC} 计算出输出功率 P_o 和电源消耗功率 P_V 后，可以方便地根据 P_o 和 P_V 值来计算每只功率管消耗的功率 $P_{T1} =$ （   ），而效率 $\eta = $（   ）。

3.17 设输入信号为正弦波，工作在甲类的功率输出级的最大管耗发生在输入信号 u_i 为（   ）时，而工作在乙类的互补对称功率输出级 OCL 电路，其最大管耗发生在输出电压幅值 U_{oM} 为（   ）时。

3.18 采用双电源互补对称（   ）电路，如果要求最大输出功率为 5W，则每只三极管的最大允许功耗 P_{CM} 至少应大于（   ）W。

3.19 根据三极管导通时间对放大电路进行分类，在信号的整个周期内三极管都导通的称为（   ）放大电路；只有半个周期导通的称为（   ）类放大电路；大半个多周期导通的称为（   ）类放大电路。

3.20 乙类互补对称功率放大电路的两只三极管接成（   ）形式；其最大效率可达（   ）。

3.21 题 3.21 图中的哪些接法可以构成复合管？标出它们等效管的类型（如 NPN 型、PNP 型、N 沟道结型）及管脚（b、e、c、d、g、s）。

3.22 在题 3.22 图所示电路中，已知 $V_{CC} = 16$V，$R_L = 4\ \Omega$，VT_1 和 VT_2 管的饱和管压降 $|U_{CES}| = 2$V，输入电压足够大。试问：

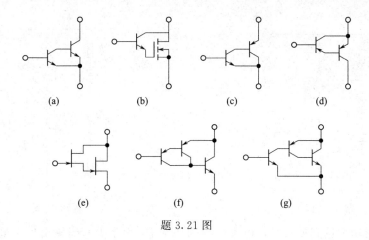

题 3.21 图

（1）最大输出功率 P_{oM} 和效率 η 各为多少？

（2）晶体管的最大功耗 P_{Tmax} 为多少？

（3）为了使输出功率达到 P_{oM}，输入电压的有效值约为多少？

3.23　电路如题 3.23 图所示，回答下列问题：

（1）说明电路的名称及 VT_1、VT_2 管的工作方属何种类型？

（2）静态时，VT_1 管射极电位 $V_E =$？负载电流 $I_L =$？

（3）若电容 C 足够大，$V_{CC} = 15V$，三极管饱和压降 $V_{CES} \approx 1V$，$R_L = 8\Omega$，求最大不失真输出功率 P_{oM}有多大？

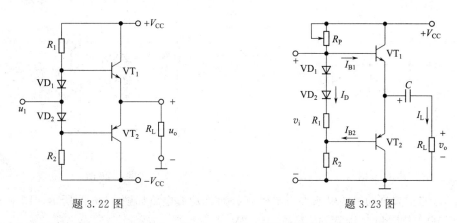

题 3.22 图　　　　　　　　　　　题 3.23 图

3.24　电路如题 3.24 图所示，设 $U_{CES} = 0$，试回答下列问题：

（1）$u_i = 0$ 时，流过 R_L 的电流有多大？

（2）若 VD_3、VD_4 中有一个接反，会出现什么后果？

（3）为保证输出波形不失真，输入信号 u_i 的最大幅度为多少？管耗为多少？

3.25　在题 3.25 图 OCL 电路中，已知 VT_1、VT_2 管的 $|U_{CES}| = 1V$，电源电压为 $\pm 9V$，负载电阻 $R_L = 8\Omega$，试计算最大输出功率 P_{oM} 及效率 η。

3.26　一双电源互补对称功率放大电路如题 3.26 图所示，已知 $V_{CC} = 12V$，$R_L = 8\Omega$，u_i 为正弦波。

（1）在 BJT 的饱和压降 $U_{CES} = 0$ 的条件下，负载上可能得到的最大输出功率 P_{oM} 为多少？每个管子允许的管耗 P_{CM} 至少应为多少？每个管子的耐压 $|U_{(BR)CEO}|$ 至少应大于多少？

项目三　分立式音频功率放大电路的制作与测试

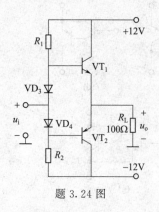

题 3.24 图

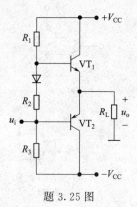

题 3.25 图

（2）当输出功率达到最大时，电源供给的功率 P_V 为多少？当输出功率最大时的输入电压有效值应为多大？

3.27　电路如题 3.26 图所示，已知 $V_{CC}=15V$，$R_L=16\Omega$，u_i 为正弦波。

（1）在输入信号 $U_i=8V$（有效值）时，电路的输出功率、管耗、直流电源供给的功率和效率？

（2）当输入信号幅值 $U_{im}=V_{CC}=15V$ 时，电路的输出功率、管耗、直流电源供给的功率和效率？

（3）当输入信号幅值 $U_{im}=V_{CC}=20V$ 时，电路的输出会发生什么现象？

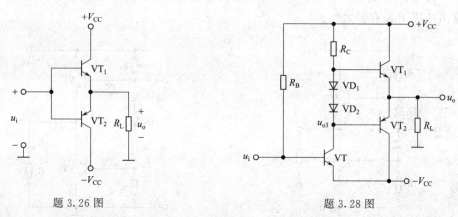

题 3.26 图　　　　　　　　　题 3.28 图

3.28　一带前置推动级的甲乙类双电源互补对称功放电路如题 3.28 图所示，图中 $V_{CC}=20V$，$R_L=8\Omega$，VT_1 和 VT_2 管的 $|U_{CES}|=2V$。

（1）当 VT_3 管输出信号 $U_{o3}=10V$（有效值）时，计算电路的输出功率、管耗、直流电源供给的功率和效率。

（2）计算该电路的最大不失真输出功率、效率和达到最大不失真输出时所需 U_{o3} 的有效值。

项目四 | 集成音频功率放大电路的制作与测试

项目分析 | 集成音频功率放大电路

音频功率放大电路，又称为音频放大器或音频功放，它的作用是将小功率信号放大为大功率信号，用以驱动输出论设备，如扬声器或喇叭。同时，能保证信号的不失真，如实还原输入信号。

音频放大电路有很多种，可以是用分立原件做的，也可以是用集成块来做的。

由分立元件组成的功放，如果电路选择得好，参数选择恰当，元件性能优良，设计和调试得好，则性能也很优良。许多优质功放均是分立功放。但只要其中一个环节出现问题，则分立式性能就会低于一般集成功放，且分立式功放中为了不致过载、过流、过热等损坏元件，需要加以复杂的保护电路。分立式功放一般由三极管、二极管、电阻、电容等器件组成核心电路，提供了自由调整的余地，具体工作原理详见项目三。

而集成功放电路成熟，低频性能好，内部设计具有复合保护电路，可以增加其工作的可靠性，尤其集成厚膜器件参数稳定，无须调整，信噪比较小，而且电路布局合理，外围电路简单，保护功能齐全，还可外加散热片解决散热问题。现在市场上有很多种功放集成块，比如 LM4610，LM386，如图 4-0-1 所示。

(a) LM4610   (b) LM386

图 4-0-1 集成功放芯片

本项目主要采用集成功率放大器 TDA2030 设计一个单声道音频功率放大电路，具有失真小、外围元件少、装配简单、功率大、保真度高等特点，很适合学生组装。其电路组成框图如图 4-0-2 所示，电路图如图 4-0-3 所示。

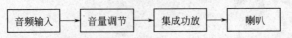

图 4-0-2 集成音频功率放大电路组成框图

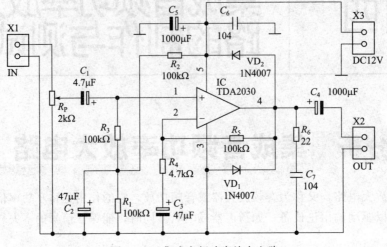

图 4-0-3 集成音频功率放大电路

模块 1 集成电路的识别与检测

任务 1 集成电路的认识

知识 1 集成电路的分类及符号

模拟集成电路主要是指由电容、电阻、晶体管等组成的模拟电路集成在一起用来处理模拟信号的集成电路。有许多的模拟集成电路,如集成运算放大器、集成功率放大器、集成稳压器等。模拟集成电路的主要构成电路有:放大器、滤波器、反馈电路、基准源、开关电容电路等。本项目首先认识一下集成电路,然后再对集成运算放大电路和集成功率放大电路进行详细讲解。

集成电路在各种电子电器中广泛使用,特别是各种专用、高性能集成电路应用得越来越多,掌握集成电路知识已成为学习电子技术的必然要求。

集成电路的型号和种类很多,具体详见表 4-1-1。

表 4-1-1 集成电路的分类

划分方法及种类		解 说
按照集成度划分	普通集成电路	它又称为小规模集成电路,用英文缩写字母 SSI 表示,元器件数目一般少于 100 个
	中规模集成电路	用英文缩写字母 MSI 表示,元器件数目在 100~1000 只之间
	大规模集成电路	用英文缩写字母 LSI 表示,元器件数目在一千只至数万只
	超大规模集成电路	用英文缩写字母 VLSI 表示,元器件数目在 10 万只以上

划分方法及种类		解　说
按照处理信号划分	模拟集成电路	放大和处理连续信号（模拟信号）的集成电路，是常用集成电路。模拟集成电路又分成线性集成电路和非线性集成电路两种
	数字集成电路	放大和处理数字信号的集成电路
按照制造工艺及电路工作原理划分	双极型集成电路	内电路主要采用 NPN 型管，少量采用 PNP 型管，是目前电子电器中的主要类型
	单极型集成电路	它又称为 MOS 集成电路，即金属-氧化物-半导体集成电路，由 MOS 晶体管构成电路。MOS 集成电路分为多种： N 沟道 MOS 集成电路，称为 NMOS 集成电路。 P 沟道 MOS 集成电路，称为 PMOS 集成电路。 NMOS 管和 PMOS 管互补构成的集成电路，称为 CMOS 集成电路

集成电路一般为长方形的，功率大的集成电路带金属散热片，小信号集成电路没有散热片。图 4-1-1 所示为常见的集成电路封装形式。

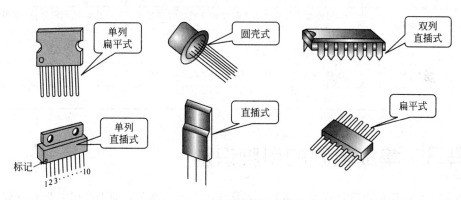

图 4-1-1　常见集成电路封装形式

它有十多个引脚，一般都用有 3 个端子的三角形或正方形符号表示，如图 4-1-2 所示。它有两个输入端、1 个输出端，上面那个输入端叫做反相输入端，用"－"作标记；下面的叫做同相输入端，用"＋"作标记。

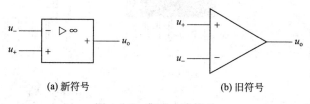

图 4-1-2　集成电路符号

集成电路通常用 IC 表示，IC 是英文 Integrated Circuit 的缩写。在国产机器电路图中，还有用 JC 表示的。最新规定是用 A 来表示集成电路放大器，用 D 表示集成数字电路等。

知识2　集成电路的主要参数

集成电路的主要参数分为电参数和极限参数两种，具体详见表 4-1-2。不同场合下对集成运算放大电路各项参数有不同的要求，对于大功率输出要求的集成电路，在保证频响的前提下，重点要求输出功率参数达到使用要求；对于采用电池供电的机器，则主要考虑集成电路静态电流参数，因为这一电流越小，对电源的消耗越小，越省电；极限参数中主要关心电源电压，集成电路在实际使用中的电压不能超过这一极限值。

表 4-1-2　集成电路主要参数

参数分类及名称		解说
电参数	静态工作电流	在不给集成电路输入信号情况下，电源引脚回路中电流的大小。静态工作电流给出典型值、最大值、最小值。当测量集成电路静态电流大于它的最大值或小于它的最小值时，集成电路很可能发生了故障
	频率响应	简称频响，衡量集成电路对各种频率信号处理能力的参数，在放大器集成电路中是一项重要参数
	增益	集成电路放大器的放大能力，通常标出闭环增益，也分典型值、最大值、最小值三项指标
	最大输出功率	用于有功率输出要求的集成电路。它是指信号失真度为一定值时（10%），集成电路输出引脚所输出的信号功率，给出典型值、最小值、最大值三项指标
极限参数	电源电压	指可以加在集成电路电源引脚与地端引脚之间直流工作电压的极限值，使用中不能超过此值
	功耗	指集成电路所能承受的最大耗散功率
	工作环境温度	指集成电路在工作时的最低和最高环境温度
	储存温度	指集成电路在储存时的最低和最高温度

知识 3　集成电路的引脚识别

在检修和更换集成电路过程中，需要识别集成电路的引脚，借助于集成电路的引脚分布规律，识别形形色色集成电路的引脚位置。集成电路的引脚较多，如何正确识别集成电路的引脚则是使用中的首要问题。下面介绍几种常用集成电路引脚的排列形成，如图 4-1-3 所示。

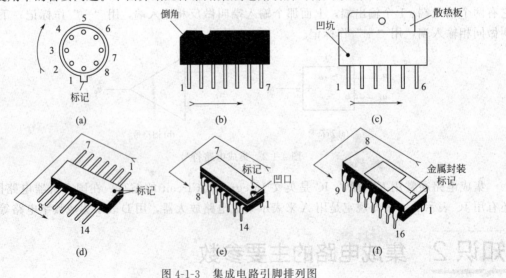

图 4-1-3　集成电路引脚排列图

圆形结构的集成电路和金属壳封装的半导体三极管差不多，只不过体积大、电极引脚多。这种集成电路引脚排列方式为：从识别标记开始，沿顺时针方向依次为1、2、3…，如图 4-1-3（a）所示。

单列直插型集成电路的识别标记，有的用切角，有的用凹坑。这类集成电路引脚的排列方式也是从标记开始，从左向右依次为1、2、3…，如图 4-1-3（b）、（c）所示。

扁平型封装的集成电路多为双列型，这种集成电路为了识别管脚，一般在端面一侧有一个类似引脚的小金属片，或者在封装表面上有一色标或凹口作为标记。其引脚排列方式是：从标记开始，沿逆时针方向依次为1、2、3…，如图 4-1-3（d）所示。但应注意，有少量的扁平封装集成电路的引脚是顺时针排列的。

双列直插式集成电路的识别标记多为半圆形凹口，有的用金属封装标记或凹坑标记。这类集成电路引脚排列方式也是从标记开始，沿逆时针方向依次为1、2、3…，如图 4-1-3（e）、（f）所示。

集成电路引出脚排列顺序的标志一般有色点、凹槽及封装时压出的圆形标志。

对于双列直插集成块，引脚识别方法是将集成电路水平放置，引脚向下，标志朝左边，左下角为第一个引脚，然后按逆时针方向数，依次为1、2、3…，如图 4-1-4（a）所示。

对于单列直插集成板，让引脚向下，标志朝左边，从左下角第一个引脚到最后一个引脚，依次为1、2、3…，如图 4-1-4（b）所示。

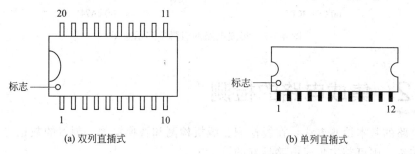

(a) 双列直插式　　　　　　　　　　(b) 单列直插式

图 4-1-4　集成电路引脚识别

集成电路通常有扁平、双列直插、单列直插等几种封装形式。不论是哪种集成电路的外壳上都有供识别管脚排序定位（或称第一脚）的标记。对于扁平封装者，一般在器件正面的一端标上小圆点（或小圆圈、色点）作标记。塑封双列直插式集成电路的定位标记通常是弧形凹口、圆形凹坑或小圆圈。进口 IC 的标记花样更多，有色线、黑点、方形色环、双色环等。

了解集成电路各引脚作用有三种方法：一是查阅有关资料；二是根据集成电路的内电路方框图分析；三是根据集成电路的应用电路中各引脚外电路特征进行分析。对第三种方法要求有比较好的电路分析基础。

任务实施

做一做　集成电路的识别

1. 查阅资料，识读表 4-1-3 所列集成电路的型号，并了解各集成电路的主要技术参数。

2. 查阅资料，识读表 4-1-3 所列集成电路的引脚，填入表中。

表 4-1-3   集成电路的引脚号与引脚功能

型　　号	引脚号与引脚功能
uA747	
uA741	
LM358	
CF353CP	
LM324	
NE5534	

3. 在图 4-1-5 中画出 CF353CP 和 uA741 的引脚排列。

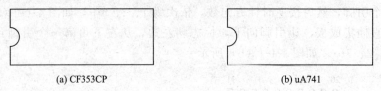

(a) CF353CP　　　　　　　　　　　　　　　　(b) uA741

图 4-1-5   集成电路的引脚排列示意图

任务 2   集成电路的检测

集成电路的基本检测方法：在线检测、脱机检测和替换检测。测得的数据与集成电路资料上数据相符，则可判定集成电路是好的。

1. 在线检测得

在线检测测量集成电路各脚的直流电压，与标准值比较，判断集成电路的好坏。为防止表笔在集成电路各引脚间滑动造成短路，可将万用表的黑表笔与直流电压的"地"端固定连接，方法是在"地"端焊接一段带有绝缘层的铜导线，将铜导线的裸露部分缠绕在黑表棒上，放在电路板的外边，防止与板上的其他地方连接。这样用一只手握住红表棒，找准欲测量集成电路的引脚，另一只手可扶住电路板，保证测量时表笔不会滑动。

2. 脱机检测

测量集成电路各脚间的直流电阻，与表准值比较，判断集成电路的好坏。用万用表电阻挡分别测出集成电路中各运放引脚的电阻值，不仅可以判断运放的好坏，而且还可以检查内部各运放参数的一致性。测量时，选用 R×1k 挡，依次测出引脚的电阻值，只要各对应引脚之间的电阻值基本相同，就说明参数的一致性较好。如图 4-1-6 所示。

3. 替换检测

当集成电路整机线路出现故障时，检测者往往用替换法来进行集成电路的检测。用同型号的集成块进行替换试验，是见效最快的一种检测方法。

但是要注意，若因负载短路的原因，使大电流 I 流过集成电路造成的损坏，在没有排除故障短路的情况下，用相同型号的集成块进行替换实验，其结果是造成集成块的又一次损坏。因此，替换实验的前提是必须保证负载不短路。

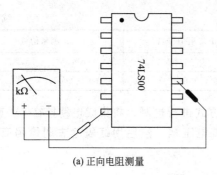
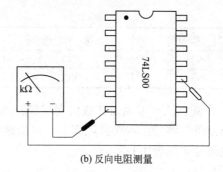

(a) 正向电阻测量　　　　　　　(b) 反向电阻测量

图 4-1-6　脱机检测方法

任务实施

做一做　集成电路 LM324 的检测

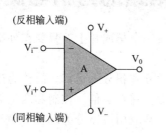
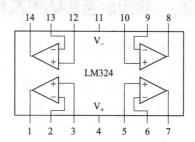

图 4-1-7　LM324

集成电路 LM324 如图 4-1-7 所示。

1. 拿到集成电路后，首先观察其外形，正确区分集成电路的各管脚，了解集成电路各管脚的功能及用途。

2. 用万用表电阻挡分别测出 LM324 的 A1～A4 各引脚的电阻值。测量时，选用 R×1k 挡，从 A1 开始，依次测出引脚的电阻值，只要各对应引脚之间的电阻值基本相同，就说明参数的一致性较好。

3. 表 4-1-4 给出了电源引脚、接地引脚、输入引脚及输出引脚之间的阻值。通过测量这些阻值也可以判断 LM324 的良好性。

表 4-1-4　引脚之间的电阻值

红 表 棒	黑 表 棒	正常阻值/kΩ	测量值
VCC	GND	4.5～6.5	
GND	VCC	16～17.5	
VCC	OUT	21	
GND	OUT	59～65	

红 表 棒	黑 表 棒	正常阻值/kΩ	测量值
IN+	VCC	51	
IN−	VCC	56	

4. 另外，还可以通过在线检测引脚直流电压方式进行检测，将集成电路接在 5V 直流电压，把万用表黑笔固定在接地脚上，挡位选择直流电压挡，然后用红表笔去测量相应引脚，具体电压值详见表 4-1-5。

表 4-1-5　LM324 工作电压表

引　脚	功　能	电压/V	测量值	引　脚	功　能	电压/V	测量值
1	输出 1	3.0		8	输出 3	3.0	
2	反向输入 1	2.7		9	反向输入 3	2.4	
3	正向输入 1	2.8		10	正向输入 3	2.8	
4	电源	5.1		11	接地	0	
5	正向输入 2	2.8		12	正向输入 4	2.8	
6	反向输入 2	1.0		13	反向输入 4	2.2	
7	输出 2	3.0		14	输出 4	3.0	

模块 2　集成运算放大电路的分析与测试

集成运算放大器是一种把多级直流放大器做在一个集成片上，只要在外部接少量元件就能完成各种运算功能的器件。

早期，运放主要用来完成模拟信号的求和、微分和积分等运算，故称为运算放大器，简称运放。现在，运放的应用已远远超过运算的范围。它在通信、控制和测量等设备中得到广泛应用。根据集成运算放大电路的工作区域不同，其应用可以分为线性应用和非线性应用。

任务 1　集成运算放大器的线性应用

由于运放的开环放大倍数很大，输入电阻高，输出电阻小，在分析时常将其理想化，称其所谓理想运放。

理想化的条件主要是：开环放大倍数 $A_o \to \infty$；差模输入电阻 $r_{id} \to \infty$；开环输出电阻 $r_o \to 0$；共模抑制比 $K_{CMRR} \to \infty$。

运算放大器工作在线性区时，分析依据有两条：

一是由于运算放大器输入端的差模输入电阻 $r_{id} \to \infty$，故认为两个输入端的输入电流为零，称为"虚断"；

二是由于运算放大器的开环放大倍数 $A_o \to \infty$，输出电压是一个有限的数据，从 $u_o = A_o$ $(u_+ - u_-)$ 中看出，$(u_+ - u_-) = u_o / A_o \approx 0$，所以认为 $u_+ \approx u_-$，称为"虚短"。

1. 反相比例放大电路

如图 4-2-1 所示，利用集成运算放大器的"虚短"、"虚断"，可得：

$$i_1 = i_f$$

$$i_1 = \frac{u_i}{R_1}, \quad i_f = \frac{0 - u_o}{R_f} = -\frac{u_o}{R_f}$$

$$\frac{u_i}{R_1} = -\frac{u_o}{R_f}$$

$$A_{uf} = -\frac{R_f}{R_1}$$

$$u_o = -\frac{R_f}{R_1}u_i$$

当 $R_1 = R_f$ 时，输入电压与输出电压大小相等、相位相反。

反相比例电路的特点：

（1）共模输入电压为 0，因此对运放的共模抑制比要求低。

（2）由于电压负反馈的作用，输出电阻小，可认为是 0，因此带负载能力强。

（3）由于并联负反馈的作用，输入电阻小，因此对输入电流有一定的要求。

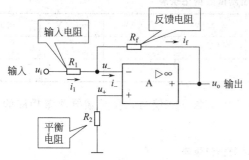

图 4-2-1 反相比例放大电路

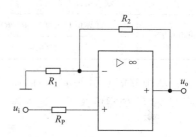

图 4-2-2 同相比例放大电路

2. 同相比例放大电路

结构特点：负反馈引到反相输入端，信号从同相端输入，如图 4-2-2 所示。

虚短路：$u_- = u_+ = u_i$

虚断路：$i_- = i_+ = 0$

得出：$\dfrac{u_o - u_i}{R_2} = \dfrac{u_i}{R_1}$

所以 $u_o = \left(1 + \dfrac{R_2}{R_1}\right)u_i$

同相比例电路的特点：

（1）由于电压负反馈的作用，输出电阻小，可认为是 0，因此带负载能力强。

（2）由于串联负反馈的作用，输入电阻大。

（3）共模输入电压为 u_i，因此对运放的共模抑制比要求高。

任务实施

做一做 同相比例放大电路的测试

（1）按照图 4-2-3 搭建电路；

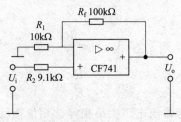

图 4-2-3　同相比例放大电路

（2）在反相输入端加入直流信号 U_i，依次将 U_i 调到 $-0.4V$、$-0.2V$、$+0.2V$、$+0.4V$，用万用表测量出每次对应的输出电压 U_o，记录在表 4-2-1 中。

表 4-2-1　输出电压测试数据记录表

输入电压 U_i		$-0.4V$	$-0.2V$	$+0.2V$	$+0.4V$
输出电压 U_o	计算值 $U_o=(1+R_f/R_1)U_i$				
	实测值				

（3）从函数信号引入 $f=1\text{kHz}$、$U_i=0.5V$ 的正弦交流信号，用示波器测量相应的 U_o，并观察 U_o 和 U_i 的相位关系，记入表 4-2-2 中。

表 4-2-2　测试数据记录表

U_i/V	U_o/V	U_i波形	U_o波形	A_V	
				实测值	计算值

（4）小组讨论，总结现象；并用之前的所学知识点进行分析。

想一想

试着运用"虚短"和"虚断"概念分析图 4-2-4 的电路。

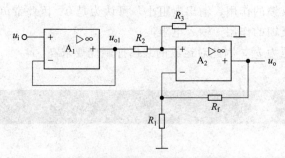

图 4-2-4　集成运算放大构成的拓展电路

3. 加法电路

如图 4-2-5 所示，根据"虚断"、"虚短"两个概念，可得：

$$i_f = i_i$$

$$i_i = i_1 + i_2 + \cdots + i_n$$

$$i_1 = \frac{u_{i1}}{R_1}, \quad i_2 = \frac{u_{i2}}{R_2}, \quad \cdots, \quad i_n = \frac{u_{in}}{R_n}$$

$$u_o = -R_1 i_f = -R_f \left(\frac{u_{i1}}{R_1} + \frac{u_{i2}}{R_2} + \cdots + \frac{u_{in}}{R_n} \right)$$

图 4-2-5　加法电路

则实现了各信号按比例进行加法运算。

如取 $R_1 = R_2 = \cdots = R_n = R_f$，则 $u_o = -(u_{i1} + u_{i2} + \cdots + u_{in})$，实现了各输入信号的反相相加。

任务实施

做一做　加法器的测试

（1）按要求搭建图 4-2-6 电路。

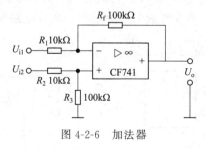

图 4-2-6　加法器

（2）在电阻 R_1 端加入直流信号电压 U_{i1}，在电阻 R_2 端加入直流信号电压 U_{i2}，依表 4-2-3 调整 U_{i1}、U_{i2}，用万用表测量出每次对应的输出电压 U_o，记录在表 4-2-3 中。

表 4-2-3　测试数据记录表

	输入电压 U_{i1}	+0.2V	−0.2V	+0.2V	+0.4V
	输入电压 U_{i2}	+0.4V	+0.2V	−0.2V	−0.4V
输出电压 U_o	计算值 $U_o=(R_f/R_1)(U_{i2}-U_{i1})$				
	实测值				

（3）小组讨论，总结现象，给出分析过程。

4. 积分电路

$$u_o = -\frac{1}{C}\int i_C \,\mathrm{d}t = -\frac{1}{C}\int \frac{u_i}{R}\,\mathrm{d}t = -\frac{1}{RC}\int u_C \,\mathrm{d}t$$

上式表明，输出电压为输入电压对时间的积分，且相位相反。

积分电路的波形变换作用如图 4-2-7（b）所示，可将矩形波变成三角波输出。

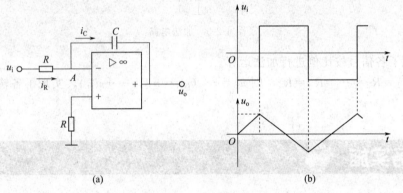

图 4-2-7　积分电路

积分电路在自动控制系统中用以延缓过渡过程的冲击，使被控制的电动机外加电压缓慢上升，避免其机械转矩猛增，造成传动机械的损坏。积分电路还常用来做显示器的扫描电路，以及模/数转换器、数学模拟运算等。

5. 微分电路

将积分电路中的 R 和 C 互换，就可得到微分（运算）电路。微分电路的波形变换作用如图 4-2-8（b）所示，可将矩形波变成尖脉冲输出。微分电路在自动控制系统中可用作加速

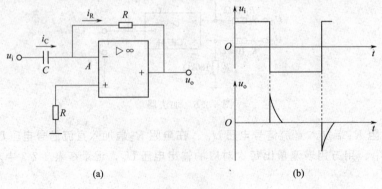

图 4-2-8　微分电路

环节，例如电动机出现短路故障时，起加速保护作用，迅速降低其供电电压。

任务 2　集成运算放大器的非线性应用

非线性应用是指运算放大器工作在饱和（非线性）状态，输出为正的饱和电压，或负的饱和电压，即输出电压与输入电压是非线性关系，主要用以实现电压比较、非正弦波发生等，分析依据是"虚短"无效、"虚断"有效，即 $i_+ = i_- = 0$，$u_+ > u_-$ 时 $u_o = +U_{OM}$，$u_+ < u_-$ 时 $u_o = -U_{OM}$，其中 $u_+ = u_-$ 为转折点。集成运算放大器非线性应用的基本电路就是电压比较器。

电压比较器是一种常见的模拟信号处理电路，它将一个模拟输入电压与一个参考电压进行比较，并将比较的结果输出，如图 4-2-9 所示。比较器的输出只有两种可能的状态：高电平或低电平，输出为数字量；而输入信号是连续变化的模拟量，因此比较器可作为模拟电路和数字电路的"接口"。它可用于报警器电路、自动控制电路、测量技术，也可用于 V/F 变换电路、A/D 变换电路、高速采样电路、电源电压监测电路、振荡器及压控振荡器电路、过零检测电路等。

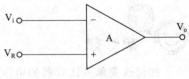

图 4-2-9　电压比较器

由于比较器的输出只有高、低电平两种状态，故其中的运放常工作在非线性区。根据比较器的传输特性不同，可分为单限比较器、滞回比较器及窗口比较器等。但电压传输特性均需要三个要素：

① 输出高电平 U_{OH} 和输出低电平 U_{OL}；

② 阈值电压 U_T；

③ 输入电压过阈值电压时输出电压跃变的方向。

1. 单限比较器

只有一个阈值电压 U_T。当 $u_i > U_T$ 时，$u_o = U_{OH}$；当 $u_i < U_T$ 时，$u_o = U_{OL}$。最简单的应用就是过零比较器。

（1）过零比较器

如图 4-2-10 所示，经分析，$U_T = 0$；$U_{OH} = +U_{OM}$，$U_{OL} = -U_{OM}$。可得，$u_i > 0$ 时 $u_o = -U_{OM}$；$u_i < 0$ 时 $u_o = +U_{OM}$。

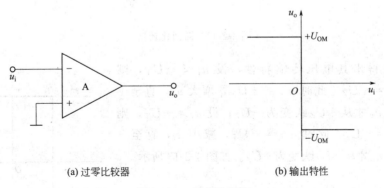

(a) 过零比较器　　　　　(b) 输出特性

图 4-2-10　过零比较器

（2）限幅电路和过电保护

单限比较器可用来做限幅电路和过电保护。如图 4-2-11 所示，集成运放的净输入电压等于输入电压，为保护集成运放的输入端，需加输入端限幅电路。集成运放的净输入电压最

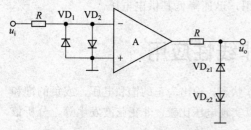

大值为±U_D。为适应负载对电压幅值的要求，输出端加过电保护电路，可得，$U_{OH}=+U_{Z1}+U_{D2}$，$U_{OL}=-(U_{Z2}+U_{D1})$。

电压比较器的分析方法：

① 写出 u_+、u_- 的表达式，令 $u_+=u_-$，求解出的 u_i 即为 U_T；

② 根据输出端限幅电路决定输出的高、低电平；

图 4-2-11　限幅电路和过电保护电路

③ 根据输入电压作用于同相输入端还是反相输入端决定输出电压的跃变方向。

如何改变单限比较器的电压传输特性。

（1）若要 $U_T<0$，则应如何修改电路？

（2）若要改变曲线跃变方向，则应如何修改电路？

（3）若要改变 U_{OL}、U_{OH}，则应如何修改电路？

2. 滞回比较器

滞回比较器如图 4-2-12 所示。

$$u_-=u_i$$
$$u_+=\frac{R_1}{R_1+R_2}\cdot u_o \, , \quad 而 \begin{matrix} U_{OL}=-U_Z \\ U_{OH}=+U_Z \end{matrix} \, , \quad 可得，\pm U_T=\pm\frac{R_1}{R_1+R_2}\cdot U_Z$$

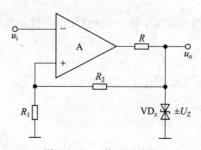

图 4-2-12　滞回比较器

由此可以得出其电压传输特性，设 $u_i<-U_T$，则 $u_-<u_+$，$u_o=+U_Z$。此时 $u_+=+U_T$，增大 u_i，直至 $+U_T$，再增大，u_o 才从 $+U_Z$ 跃变为 $-U_Z$；设 $u_i>+U_T$，则 $u_->u_+$，$u_o=-U_Z$。此时 $u_+=-U_T$，减小 u_i，直至 $-U_T$，再减小，u_o 才从 $-U_Z$ 跃变为 $+U_Z$。如图 4-2-13 所示。

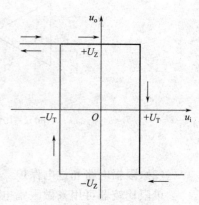

图 4-2-13　电压传输特性

如何改变滞回比较器的电压传输特性。

（1）若要电压传输特性曲线左右移动，则应如何修改电路？

（2）若要电压传输特性曲线上下移动，则应如何修改电路？

（3）若要改变输入电压过阈值电压时输出电压的跃变方向，则应如何修改电路？

3. 窗口比较器

窗口比较器如图 4-2-14 所示。

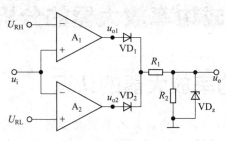

图 4-2-14　窗口比较器

当 $u_i > U_{RH}$ 时，$u_{o1} = -u_{o2} = U_{OM}$，$VD_1$ 导通，VD_2 截止，$u_o = U_Z$。

当 $u_i < U_{RH}$ 时，$u_{o2} = -u_{o1} = U_{OM}$，$VD_2$ 导通，VD_1 截止，$u_o = U_Z$。

当 $U_{RL} < u_i < U_{RH}$ 时，$u_{o1} = u_{o2} = -U_{OM}$，$VD_1$、$VD_2$ 均截止，$u_o = 0$。

电压传输特性如图 4-2-15 所示。

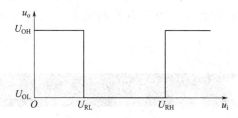

图 4-2-15　电压传输特性

任务实施

做一做　滞回比较器的测试

（1）如图 4-2-16 所示，电压比较器使用 LM393 集成块，LM393 电源电压为 12V，u_i 接

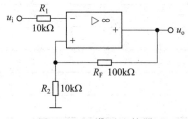

图 4-2-16　滞回比较器

5V 可调直流电源，测出 u_o 由 $+U_{omax}$ 到 $-U_{omax}$ 时 u_i 的临界值。

（2）同上，测出 u_o 由 $-U_{omax}$ 到 $+U_{omax}$ 时 u_i 的临界值。

（3）u_i 接 500Hz，峰值为 2V 的正弦信号，观察并记录 $u_i \sim u_o$ 波形。

（4）将分压支路 100kΩ 电阻改为 4.7kΩ，重复上述实验，测定传输特性。

模块 3　集成功率放大器的分析与测试

任务 1　集成功率放大器的认识

世界上自 1967 年研制成功第一块音频功率放大器集成电路以来，在短短的几十年的时间内，其发展速度和应用是惊人的。目前约 95% 以上的音响设备上的音频功率放大器都采用了集成电路。据统计，音频功率放大器集成电路的产品品种已超过 300 种；从输出功率容量来看，已从不到 1W 的小功率放大器，发展到 10W 以上的中功率放大器，直到 25W 的厚膜集成功率放大器。从电路的结构来看，已从单声道的单路输出集成功率放大器发展到双声道立体声的二重双路输出集成功率放大器。从电路的功能来看，已从一般的 OTL 功率放大器集成电路发展到具有过压保护电路、过热保护电路、负载短路保护电路、电源浪涌过冲电压保护电路、静噪声抑制电路、电子滤波电路等功能更强的集成功率放大器。

任务实施

做一做　集成功率放大器的识别

（1）查阅资料，识读表 4-3-1 所列集成功放的型号，并了解各集成功放的主要技术参数。

（2）查阅资料，识读表 4-3-1 所列集成功放的引脚，填入表中。

表 4-3-1　集成功放的引脚号与引脚功能

型　号	引脚号与引脚功能
LM386	
TDA2006	
TDA1521	
TDA2030A	
LM478	
TDA7294	

（3）在图 4-3-1 中画出 TDA2030A 和 LM386 的引脚排列。

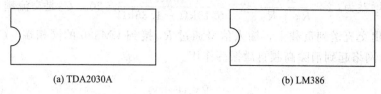

(a) TDA2030A   (b) LM386

图 4-3-1　引脚排列示意图

任务 2　典型集成功率放大器的应用

集成功率放大器是电子产品生产中常用的电路单元，市场上有许多集成功率放大器供应，为提高劳动生产效率，厂家乐于购买。这里，我们介绍一下典型、好用的集成功率放大器及其应用电路。

知识 1　LM386 集成功率放大器

1. LM386 的特点

LM386 的内部电路和管脚排列如图 4-3-2 所示。它是 8 脚 DIP 封装，消耗的静态电流约为 4mA，是应用电池供电的理想器件。该集成功率放大器同时还提供电压增益放大，其电压增益通过外部连接的变化可在 20～200 范围内调节。其供电电源电压范围为 4～15V，在 8W 负载下，最大输出功率为 325mW，内部没有过载保护电路。功率放大器的输入阻抗为 50kΩ，频带宽度 300kHz。

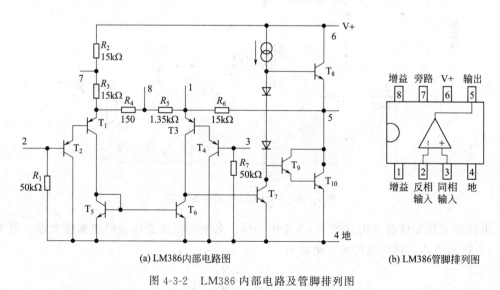

(a) LM386内部电路图   (b) LM386管脚排列图

图 4-3-2　LM386 内部电路及管脚排列图

2. LM386 的典型应用

LM386 使用非常方便。它的电压增益近似等于 2 倍的 1 脚和 5 脚电阻值除以 T_1 和 T_3 发射极间的电阻（图 4-3-2 中为 $R_4 + R_5$）。所以图 4-3-3 是由 LM386 组成的最小增益功率放大器，总的电压增益为：$2 \times \dfrac{R6}{R_5 + R_4} = 2 \times \dfrac{15\text{k}\Omega}{0.15\text{k}\Omega + 1.35\text{k}\Omega} = 20$。$C_2$ 是交流耦合电容，将功率放大器的输出交流送到负载上，输入信号通过 R_w 接到 LM386 的同相端。C_1 电容是退耦电容，$R_1 - C_3$ 网络起到消除高频自激振荡作用。

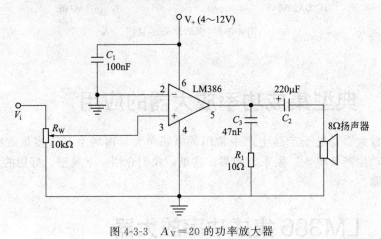

图 4-3-3　$A_\text{V} = 20$ 的功率放大器

若要得到最大增益的功率放大器电路，可采用图 4-3-4 电路。在该电路中，LM386 的 1 脚和 8 脚之间接入一电解电容器，则该电路的电压增益将变的最大：

$$A_\text{V} = 2 \times \frac{R_6}{R_4} = 2 \times \frac{15\text{k}\Omega}{0.15\text{k}\Omega} = 200$$

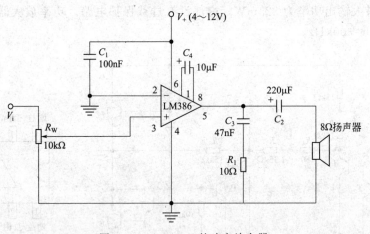

图 4-3-4　$A_\text{V} = 200$ 的功率放大器

电路的其他元件的作用与图 4-3-3 作用一样。若要得到任意增益的功率放大器，可采用图 4-3-5 所示电路。该电路的电压增益为：

$$A_\text{V} = 2 \times \frac{R_6}{R_4 + R_5 // R_2}$$

在给定参数下，该功率放大器的电压增益为 50。

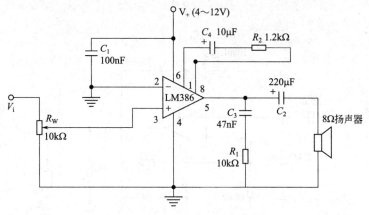

图 4-3-5　$A_V = 50$ 的功率放大器

知识 2　TDA2006 集成功率放大器

　　TDA2006 集成功率放大器是一种内部具有短路保护和过热保护功能的大功率音频功率放大器集成电路。它的电路结构紧凑，引出脚仅有 5 只，补偿电容全部在内部，外围元件少，使用方便。不仅在录音机、组合音响等家电设备中采用，而且在自动控制装置中也广泛使用。

1. TDA2006 的性能参数

　　音频功率放大器集成电路 TDA2006 采用 5 脚单边双列直插式封装结构，图 4-3-6 是其外型和管脚排列图。1 脚是信号输入端子；2 脚是负反馈输入端子；3 脚是整个集成电路的接地端子，在作双电源使用时，即是负电源（$-V_{CC}$）端子；4 脚是功率放大器的输出端子；5 脚是整个集成电路的正电源（$+V_{CC}$）端子。

2. TDA2006 音频集成功率放大器的典型应用

　　图 4-3-7 电路是 TDA2006 集成电路组成的双电源供电的音频功率放大器，该电路应用于具有正、负双电源供电的音响设备。音频信号经输入耦合电容 C_1 送到 TDA2006 的同相输入端（1 脚），功率放大后的音频信号由 TDA2006 的 4 脚输出。由于采用了正、负对称的双电源供电，故输出端子（4 脚）的电位等于零，因此电路中省掉了大容量的输出电容。电阻 R_1、R_2 和电容器 C_2 构成负反馈网络，其闭环电压增益：

$$A_{Vf} \approx 1 + \frac{R_1}{R_2} = 1 + \frac{22}{0.68} \approx 33.4$$

　　电阻 R_4 和电容器 C_5 是校正网络，用来改善音响效果。两只二极管是 TDA2006 内大功率输出管的外接保护二极管。

　　在中、小型收、录音机等音响设备中的电源设置往往仅有一组电源，这时可采用图 4-3-8 所示的 TDA2006 工作在单电源下的典型应用电路。音频信号经输入耦合电容 C_1 输入 TDA2006 的输入端，功率放大后的音频信号经输出电容 C_5 送到负载 R_L 扬声器。电阻 R_1、R_2 和电容 C_2 构成负反馈网络，其电路的闭环电压放大倍数：

$$A_{Vf} \approx 1 + R_1 / R_2 = 1 + 150 / 4.7 = 32.9$$

　　电阻 R_6 和电容 C_6 同样是用以改善音响效果的校正网络。电阻 R_4、R_5、R_3 和电容 C_7

图 4-3-6　TDA-2006 管脚排列图

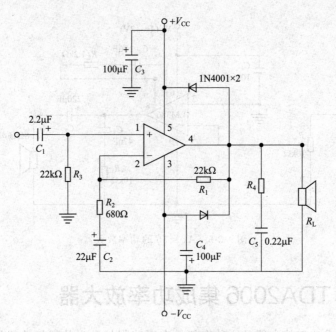

图 4-3-7　TDA2006 正、负电源供电的功率放大器

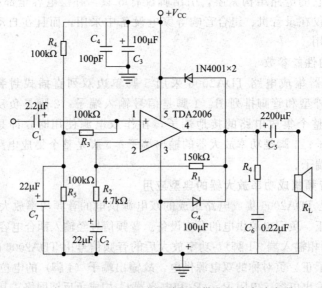

图 4-3-8　TDA2006 组成的单电源供电的功率放大器

用来为 TDA2006 设置合适的静态工作点的，使 1 脚在静态时获得电位近似为 $1/2V_{CC}$。

　　在大型收、录音机等音响设备中，为了得到更大的输出功率，往往采用一对功率放大器组成的桥式结构的功率放大器（即 BTL）。图 4-3-9 就是由两块 TDA2006 组成的桥式功率放大器，该放大器的最大输出功率可达 24W。首先，音频信号经输入耦合电容 C_1 加到第一块集成电路 TDA2006 的同相输入端（1 脚），功率放大后的音频信号由 IC1 的 4 脚直接送到负载 R_L 扬声器的一端，同时，该输出音频信号又经电阻 R_5、R_6 分压，由耦合电容 C_3 送到第二块集成 TDA2006 的反相端（IC2 的 2 脚）。经 IC2 放大后反相音频输出信号连接到负载 R_L 扬声器的另一端，由于 IC1、IC2 具有相同的闭环电压放大倍数，而电阻 R_5、R_6 的分压衰减比又恰好等于 IC2 的闭环电压放大倍数的倒数。所以 IC1 的输出与 IC2 的输出加到负载

实用模拟电子技术分析与应用

R_L扬声器两端的音频信号大小相等、相位相反，从而实现了桥式功率放大器的功能，在负载两端得到两倍的 TDA2006 输出功率大小。

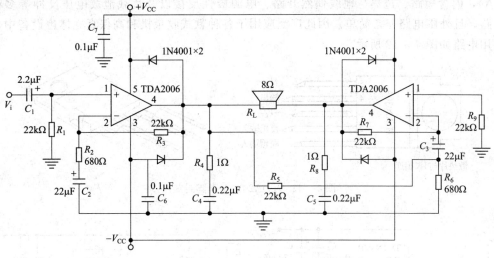

图 4-3-9　两块 TDA2006 组成的 BTL 功率放大器

知识3　TDA1521 集成功率放大器

如图 4-3-10 所示，TDA1521 为两通道的 OCL 电路，可作为立体声扩音机左、右两个声道的功放。其内部引入深度电压串联负反馈，闭环电压为 30dB，并具有待机、静噪功能以及短路和过热保护等。

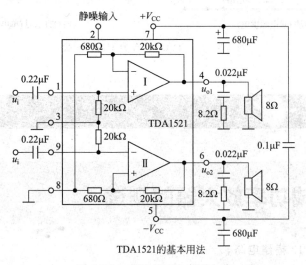

图 4-3-10　TDA1521 应用电路

知识4　TDA2030A 集成功率放大器

TDA2030A 是一块性能十分优良的单声道音频功率放大集成电路，集输入级、中间级、输出级于一体，采用 V 型 5 脚单列直插式塑料封装结构，如图 4-3-11 所示。其主要特点是瞬态互调失真小，输出功率大，动态范围大（能承受 3.5A 的电流），静态电流小（小于 50mA），内含短路、过热、地线偶然开路、电源极性反接以及负载泄放电压反冲等多种保护电路，且外围电路非常简单。因此广泛应用于各种款式收录机和高保真立体声设备中，典型应用电路如图 4-3-12 所示。

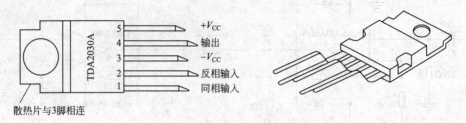

图 4-3-11 TDA2030A 引脚封装图

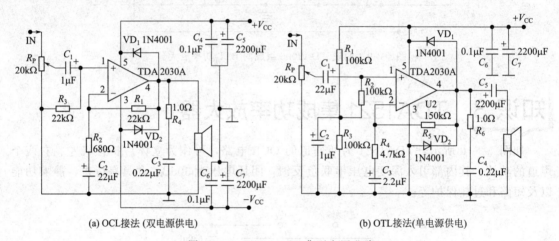

(a) OCL接法 (双电源供电)   (b) OTL接法(单电源供电)

图 4-3-12 TDA2030A 典型应用电路

任务实施

做一做 **集成功率放大器的测试**

(1) 按照图 4-3-13 搭建电路。

(2) 静态测试。

使输入信号 u_i 为 0，将+12V 电源接到图中的+12V 输入端，测量静态总电流及集成块各引脚对地电压，记入自拟表格。

(3) 动态测试。

合上开关 S，输入端接 1kHz 正弦信号，输出端用示波器观察输出电压波形，逐渐加大输入信号的幅度，使输出电压为最大不失真输出，用交流毫伏表测量此时的输出电压 U_{om}，

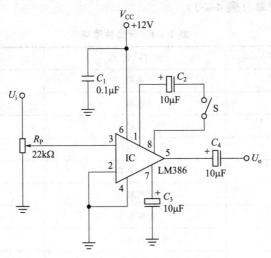

图 4-3-13 LM386 的应用电路

则最大输出功率

$$P_{\text{om}} = \frac{U_{\text{om}}^2}{R_{\text{L}}}$$

断开开关 S，观察输出电压波形的变化情况，并记录波形，填入表 4-3-2。

表 4-3-2 记录表

测试条件 ＼ 测试项目	U_i	U_o	波　形
C_2 不接入时			
C_2 接入时			

模块 4 集成音频功率放大电路的制作与测试

1. 电路工作原理

以集成电路 TDA2030 为中心组成的功率放大器具有失真小、外围元件少、装配简单、功率大、保真度高等特点。采用集成功放 TDA2030 设计一个语音放大电路，将微弱的语音信号，经过放大、滤波、功率放大后驱动扬声器。

在图 4-0-3 电路中 VD_1、VD_2 为保护二极管，C_5 为滤波电容，C_6 为高频退耦电容；R_P 为音量调节电位器；IC 是功放集成电路；R_1、R_2、R_3、C_2 为功放 IC 输入端的偏置电路，由于本电路为单电源供电，功放 IC 输入端直流电压为 1/2 电源电压时电路才能正常工作；R_4、R_5、C_3 构成负反馈回路，改变 R_4 的大小可以改变反馈系数。C_1 是输入耦合电容，C_4 是输出耦合电容；在电路接有感性负载扬声器时，R_6、R_7 可确保高频稳定性。

输入电压：DC≤24V（本项目中无整流，必须采用直流供电，推荐电压 12V）

输出功率：$P_o = 15W$（$R_L = 4\Omega$）

输出阻抗：4～8Ω

2. 元器件规格及清单 （表 4-4-1）

表 4-4-1　元器件清单

序　号	元件名称	元器件规格
R_1、R_2、R_3、R_5	电阻	100kΩ
R_4	电阻	4.7kΩ
R_6	电阻	22kΩ
R_P	电位器	2kΩ
C_1	电解电容	4.7μF
C_2、C_3	电解电容	47μF
C_4、C_5	电解电容	1000μF
C_6、C_7	独石电容	104
VD_1、VD_2	二极管	1N4007
X1	排阵	2针
X2、X3	接线座	2位
IC	集成电路	TDA2030A

3. 电路的安装与测试

（1）安装

由于集成音频功率放大电路的结构简单，元件数量较分立式功放少了很多，其安装方法可以参照分立式功放电路进行。

安装中要求熟悉集成电路的相关引脚功能，可以通过在线测量各引脚的电阻和工作电压，对比正常时的相关参数进行检测。

（2）测试

① 静态调试：集成输入对地短路，观察输出有无振荡，如有震荡，采取消震措施以消除振荡。

② 功率参数测试：

a. 测量最大输出功率 P_{oM}

输入 $f=1kHz$ 的正弦输入信号 u_i，并逐渐加大输入电压幅值直至输出电压 u_o 的波形出现临界削波时，测量此时输出端两端电压的最大值 U_{oM} 或有效值 U_o，则

$$P_{oM} = \frac{U_{oM}^2}{2R_L} = \frac{U_o^2}{R_L}$$

b. 测量电源供给的平均功率 P_V

近似认为电源给整个电路的功率为 P_V，所以在测试 U_{oM} 的同时，只要在供电回路串入一只直流电流表测出直流电源提供的平均电流 I_C，即可求出 P_V。

c. 计算效率 η

$$\eta = \frac{P_{oM}}{P_V}$$

d. 计算电压增益 A_{u3}

$$A_{u3} = \frac{U_o}{U_{i3}}$$

③ 系统调节：

经过对 TDA2030A 的放大级部分的局部测试之后，扩大到整个系统的调节。

a. 令输入信号 $u_i=0$，测量输出的直流输出电压。

b. 输入 $f=1\text{kHz}$ 的正弦信号，改变 u_i 幅值，用示波器观察输出电压 u_o 波形的变化情况，记录输出电压 u_o 最大不失真幅度所对应的输入电压 u_i 的变化范围。

c. 输入 u_i 为一定值的正弦信号，改变输入信号的频率，观察 u_o 的幅值变化情况，记录 u_o 下降到 $0.707u_o$ 之内的频率变化范围。

d. 计算总的电压放大倍数 $A_u=u_o/u_i$。

练习题

4.1 在题 4.1 图所示电路中，要求 $R_F=100\text{k}\Omega$，比例系数为 11，试求解 R 和 R' 的阻值。

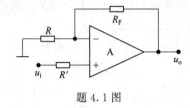

题 4.1 图

4.2 求解题 4.2 图所示电路的运算关系式。

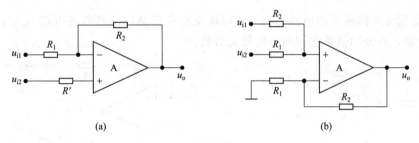

(a)　　　　　　　　　　　　　　(b)

题 4.2 图

4.3 电路如题 4.3 图所示，设满足深度负反馈条件。

(1) 试判断级间反馈的极性和组态；

(2) 试求其闭环电压放大倍数 A_{uf}。

4.4 设题 4.4 图中 A 为理想运放，请求出电路的输出电压值。

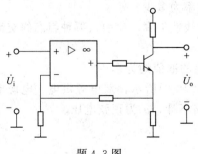

题 4.3 图

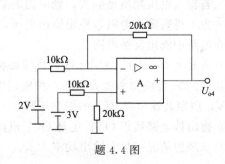

题 4.4 图

4.5 由理想运放构成的小信号交流放大电路如题 4.5 图所示。

求：（1）频带内电压放大倍数 A_{uf}（取整数）；

（2）截止频率 f_{L}。

4.6 已知：电路如题 4.6 图所示，$t=0$ 时，$U_c(0-)=0$，$U_i=0.1\text{V}$。求 U_{o1}；$t=10\text{s}$ 时的 U_o？

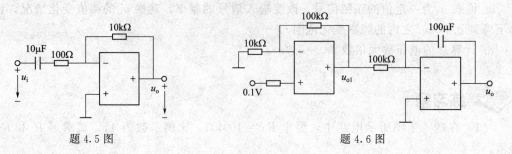

题 4.5 图　　　　　　　　　　　　题 4.6 图

4.7 已知：电路如题 4.7 图所示 $U_1=1\text{V}$，$U_2=2\text{V}$。求：U_{o1}；U_o。

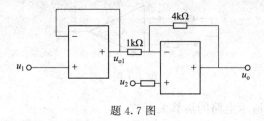

题 4.7 图

4.8 设题 4.8 图所示各电路均引入了深度交流负反馈，试判断各电路引入了哪种组态的交流负反馈，并分别估算它们的电压放大倍数。

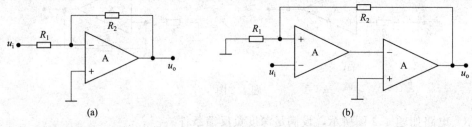

题 4.8 图

4.9 在题 4.9 图所示电路中，已知 $V_{\text{CC}}=15\text{V}$，VT_1 和 VT_2 管的饱和管压降 $|U_{\text{CES}}|=1\text{V}$，集成运放的最大输出电压幅值为 $\pm13\text{V}$，二极管的导通电压为 0.7V。

（1）若输入电压幅值足够大，则电路的最大输出功率为多少？

（2）为了提高输入电阻，稳定输出电压，且减小非线性失真，应引入哪种组态的交流负反馈？在电路中画出反馈电路。

（3）若 $U_i=0.1\text{V}$ 时，$U_o=5\text{V}$，则反馈网络中电阻的取值约为多少？

4.10 2030 集成功率放大器的一种应用电路如题 4.10 图所示，双电源供电，电源电压为 $\pm15\text{V}$，假定其输出级 BJT 的饱和压降 U_{CES} 可以忽略不计，u_i 为正弦电压。

（1）指出该电路属于 OTL 还是 OCL 电路。

（2）求理想情况下最大输出功率 P_{om}。

（3）求电路输出级的效率 η。

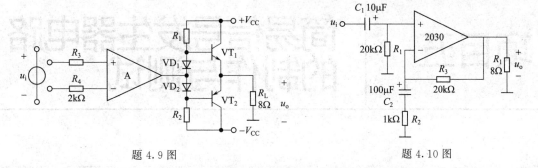

题 4.9 图   题 4.10 图

4.11　LM1877N-9 为 2 通道低频功率放大电路，单电源供电，最大不失真输出电压的峰峰值 $U_{OPP}=(V_{CC}-6)$V，开环电压增益为 70dB。题 4.11 图所示为 LM1877N-9 中一个通道组成的实用电路，电源电压为 24V，$C_1 \sim C_3$ 对交流信号可视为短路；R_3 和 C_4 起相位补偿作用，可以认为负载为 8Ω。

（1）静态时 u_P、u_N、u_o 各为多少？

（2）设输入电压足够大，电路的最大输出功率 P_{oM} 和效率 η 各为多少？

4.12　如题 4.12 图所示 OCL 功放电路。已知 $V_{CC}=18$V，$R_L=16$Ω，$R_1=10$kΩ，$R_f=150$kΩ，运放最大输出电流为 ± 25mA，VT_1、VT_2 管饱和压降 $V_{CES}=2$V。试回答下列问题：

（1）若输出信号出现交越失真，电路应如何调整方可消除？

（2）为使负载 R_L 上获最大的不失真输出电压，输入信号的幅度 V_{iM} 为多少？

（3）试计算负载 R_L 上最大的不失真输出功率 P_{omax}，电路的效率 η。

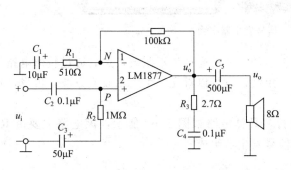

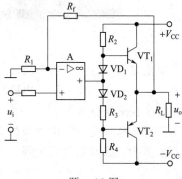

题 4.11 图   题 4.12 图

项目五   简易信号发生器电路的制作与测试

项目分析   简易信号发生器电路

凡是产生测试信号的仪器，统称为信号源，也称为信号发生器，它用于产生被测电路所需特定参数的电测试信号。信号发生器在测量中应用非常广泛，能够产生三角波、方波、正弦波，是电路实验和电子测量中提供一定技术要求的电信号仪器，也可用于检修电子仪器及家用电器的低频放大电路。具体实物如图 5-0-1 所示。

图 5-0-1   信号发生器实物

产生正弦波、方波、三角波的方案有很多种，如首先产生正弦波，然后通过整形电路将正弦波变换成方波，再由积分电路变换成三角波；也可以首先产生三角波或方波，再将三角波或方波变换成正弦波等。

本项目选择首先产生正弦波的方案进行，具体电路如图 5-0-2 所示，该电路主要由 RC 正弦波振荡器、方波信号发生器、三角波信号发生器组成。

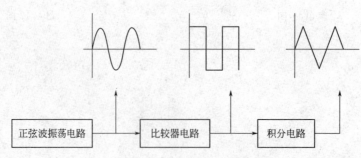

图 5-0-2   信号发生器组成框图

（1）RC 正弦波振荡器：由 RC 串并联电路构成正反馈支路，同时兼作选频网络。改变

138

实用模拟电子技术分析与应用

选频网络的参数 C 或 R，即可调节振荡频率。一般采用改变电容 C 作频率量切换，而调节 R 作量程内的频率细调。

（2）方波信号发生器：由迟滞比较器构成方波信号发生器。R 和 C 为定时元件，构成积分电路。由于方波包含丰富的谐波，因此方波发生电路又称为多谐振荡器。

（3）三角波信号发生器：三角波信号发生器可以通过积分器实现。把方波电压作为积分运算电路的输入，在积分运算电路的输出就得到了三角波。

简易信号发生器电路原理图如图 5-0-3 所示，下面将分别介绍 RC 正弦波振荡器、方波信号发生器、三角波信号发生器。

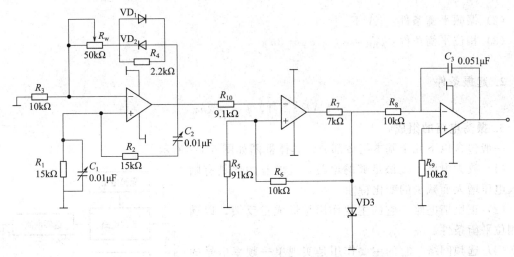

图 5-0-3　简易信号发生器电路原理图

模块 1　正弦波振荡电路的分析与测试

任务 1　正弦波振荡电路的认识

振荡电路又称振荡器，是一种能量转换装置，它无需外加信号，就能自动将直流电能转换成具有一定频率、一定幅度和一定波形的交流信号。振荡器有非常广泛的应用，尤其是正弦波振荡器，其输出波形是正弦波，可用作各种信号发生器、本机振荡、载波振荡器等。振荡器与放大电路的不同之处在于，放大电路需要加输入信号才能有输出信号；而振荡器则不需外加信号，由电路本身自激而产生输出信号。

由放大器和反馈网络组成一闭环系统，在没有外加输入信号的情况下，输出端可维持一定频率和幅度的信号 U_o 输出，从而实现自激振荡，其反馈振荡电路原理图如图 5-1-1 所示。

为了使振荡电路的输出为一个固定频率的正弦波，要求自激振荡只能在某一频率上产生，而在其他频率上不能产生。因此在上图的闭环系统内，必须含有选频网络，使得只有选频网络中心频率上的信号才满足 U_f 和 U_i 相同的条件而产生自激振荡，其他不满足 U_f 和 U_i

相同条件而不能产生振荡。选频网络可以包含在放大器内，也可在反馈网络内。

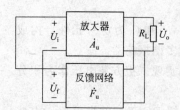

图 5-1-1　反馈振荡电路原理图

反馈振荡电路是一个将反馈信号作为输入电压来维持一定输出电压的闭环正反馈系统，实际上它是不需外加信号激发就可以产生输出信号的。下面就振荡电路的产生条件进行简单的分析。

1. 振荡条件

（1）振荡的平衡条件：$\dot{A}_u = \dfrac{\dot{U}_o}{\dot{U}_i}$；$\dot{F}_u = \dfrac{\dot{U}_f}{\dot{U}_o}$；

（2）振幅平衡条件：$|\dot{A}_u \dot{F}_u| = 1$

（3）相位平衡条件：$\varphi_{AF} = \varphi_A + \varphi_F = 2n\pi$

2. 起振条件

$$|\dot{A}\dot{F}| > 1, \quad \phi_{AF} = 2n\pi$$

3. 振荡电路的组成

一般包含以下几个基本组成部分，具体框图如图 5-1-2 所示。

（1）放大电路　提供足够的增益，且增益的值具有随输入电压增大而减少的变化特性。

（2）正反馈电路　它的主要作用是形成正反馈，以满足相位平衡条件。

（3）选频网络　它的主要作用是实现单一频率信号的振荡。在构成上，选频网络与反馈网络可以单独构成，也可合二为一。很多正弦波振荡电路中，选频网络与反馈网络在一起。

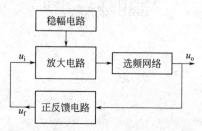

图 5-1-2　正弦波振荡电路组成框图

一般根据选频电路元器件组成的形式进行分类。选频电路若由 R、C 元件组成，则称之为 RC 正弦波振荡电路，若由 L、C 元件组成，则称之为 LC 正弦波振荡电路，若由石英晶体组成，则称之为石英晶体正弦波振荡电路。

（4）稳幅电路　引入稳幅电路可以使波形幅值稳定，而且波形的形状良好。

4. 正弦波振荡的形成过程

放大电路在接通电源的瞬间，随着电源电压由零开始的突然增大，电路受到扰动，在放大器的输入端产生一个微弱的扰动电压 u_i，经放大器放大、正反馈，再放大、再反馈……，如此反复循环，输出信号的幅度很快增加。

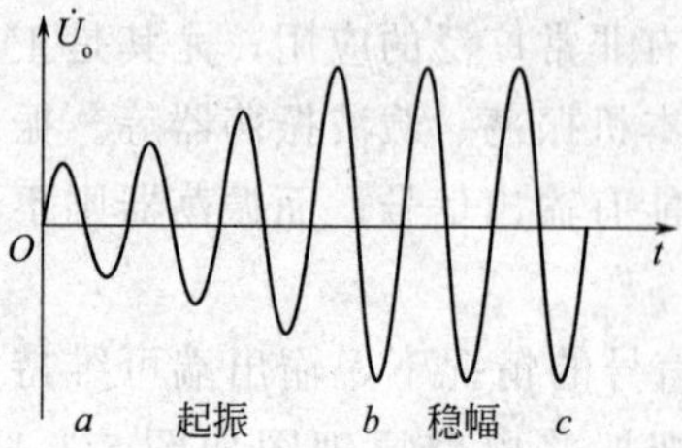

这个扰动电压包括从低频到甚高频的各种频率的谐波成分。为了能得到所需要频率的正弦波信号，必须增加选频网络，只有在选频网络中心频率上的信号能通过，其他频率的信号被抑制，在输出端就会得到如图 5-1-3 的 ab 段所示的起振波形。

图 5-1-3　起振波形图

5. 振荡电路的分析方法

① 检查电路组成；

② "Q" 是否合适；

实用模拟电子技术分析与应用

③ 用瞬时极性法判断是否满足起振条件。

6. 正弦波振荡电路的应用

正弦波振荡电路是用来产生一定频率和幅度的正弦交流信号的电子电路。它的频率范围可以从几赫兹到几百兆赫兹，输出功率可能从几毫瓦到几十千瓦。广泛用于各种电子电路中。在通信、广播系统中，用它来作高频信号源；电子测量仪器中的正弦小信号源，数字系统中的时钟信号源。另外，作为高频加热设备以及医用电疗仪器中的正弦交流能源。

任务 2　RC 正弦波振荡电路的分析与测试

知识 1　RC 正弦波振荡电路组成

将 RC 串并联选频网络和放大器结合起来即可构成 RC 振荡电路，如图 5-1-4（a）所示，放大器可采用集成运放。由于运算放大器的输入端和输出端分别跨接在电桥的对角线上，故把这种振荡电路称为文氏桥式 RC 振荡电，如图 5-1-4（b）所示。图中 R_f 采用了具有负温度系数的热敏电阻，用以改善振荡波形、稳定振荡幅度。负反馈支路中采用热敏电阻不但使 RC 桥式振荡电路的起振容易，振幅波形改善，同时还具有很好的稳幅特性，所以实用 RC 桥式振荡电路中的热敏电阻的选择是很重要的。

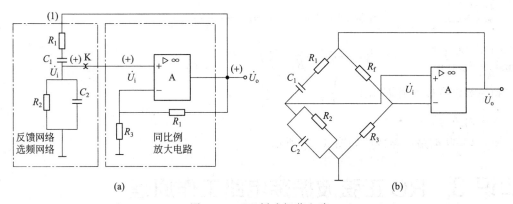

图 5-1-4　RC 桥式振荡电路

知识 2　RC 正弦波振荡电路选频特性

RC 串并联电路如图 5-1-5 所示，由选频网络可知：

$$Z_1 = R + \frac{1}{SC} = \frac{1 + SCR}{SC}$$

$$Z_2 = \frac{R \cdot \frac{1}{SC}}{R + \frac{1}{SC}} = \frac{R}{1 + SCR}$$

则反馈系数为：

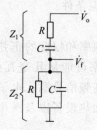

图 5-1-5　RC 串并联电路

$$\dot{F}_{V}(s)=\frac{V_{f}(s)}{V_{o}(s)}=\frac{Z_{2}}{Z_{1}+Z_{2}}=\frac{SCR}{1+3SCR+(SCR)^{2}}$$

又 $s=j\omega$，且令 $\omega_{0}=\dfrac{1}{RC}$

$$\dot{F}_{V}(s)=\frac{1}{3+j\left(\dfrac{\omega}{\omega_{0}}-\dfrac{\omega_{0}}{\omega}\right)}$$

幅频响应 $F_{V}=\dfrac{1}{\sqrt{3^{2}+\left(\dfrac{\omega}{\omega_{0}}-\dfrac{\omega_{0}}{\omega}\right)^{2}}}$

相频响应 $\Psi_{f}=-\text{arcot}\dfrac{\left(\dfrac{\omega}{\omega_{0}}-\dfrac{\omega_{0}}{\omega}\right)}{3}$

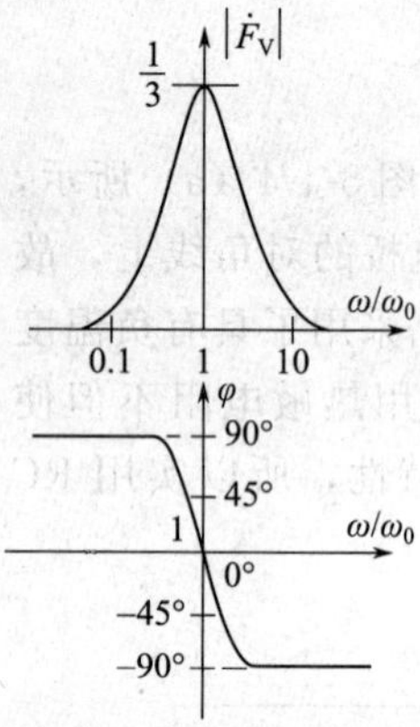

图 5-1-6　RC 串并
联电路选频特性

当 $\omega=\omega_{0}=\dfrac{1}{RC}$ 或 $f=f_{0}=\dfrac{1}{2\pi RC}$

频率响应有最大值 $F_{V\max}=\dfrac{1}{3}$

频率响应 $\Psi_{f}=0$

RC 串并联电路选频特性如图 5-1-6 所示。

知识3　RC 正弦波振荡电路工作原理

RC 正弦波振荡电路工作原理如图 5-1-7 所示，具体分析方法如下：

（1）会找出三个组成部分：放大电路、正反馈电路、选频网络。

（2）用瞬时极性法判断电路是否满足相位平衡条件 $\Psi_{a}+\Psi_{f}=2n\pi$。

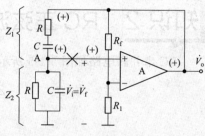

图 5-1-7　RC 正弦波振荡电路工作原理图

首先找出反馈线，在 A 处断开反馈线，假设在放大电路的输入端加一个输入电压 u_{i}，u_{i} 的频率正好是选频网络的固有频率 f_{0}，即 $f=f_{0}=1/2\pi RC$，假定某一瞬时 u_{i} 的对地极性为（＋），u_{o} 在同一瞬时对地极性为（＋），由于 $f=f_{0}=1/2\pi RC$，根据相频特性来判断，若 u_{o} 的频率也为 f_{0}，A 点在同一瞬时对地的极性也为（＋）。再接上反馈线，看 u_{f} 和 u_{i} 的相位是否相同，若同相，则说明此电路满足相位平衡条件。

（3）振幅平衡条件

$$A_{\mathrm{V}}F_{\mathrm{V}}=1$$

$$A_{\mathrm{V}}=1+\frac{R_{\mathrm{f}}}{R_1}$$

$$F_{\mathrm{V}}=\frac{1}{3}$$

$$R_{\mathrm{f}}=2R_1$$

任务实施

做一做　RC 正弦波振荡电路

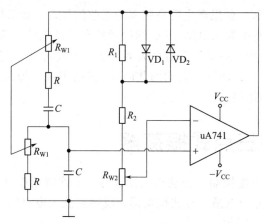

图 5-1-8　RC 正弦波振荡电路

R_{W1} 采用 $20\mathrm{k\Omega}$ 的双联可调电位器，R 取 10Ω 左右，电容 C 可取 $0.1\mu\mathrm{F}$，R_1 取 $1\mathrm{k\Omega}$，R_{W2} 取 $10\mathrm{k\Omega}$ 电位器。

（1）$\mathrm{VD_1}$、$\mathrm{VD_2}$ 不接入电路，在 R_{W1} 不调动的情况下，调节 R_{W2} 使电路起振，用示波器观察振荡输出波形并绘出该波形，分析波形的特点。

（2）将 $\mathrm{VD_1}$、$\mathrm{VD_2}$ 接入电路，观察振荡输出波形的变化，调节 R_{W1}，测试振荡输出波形的峰峰值和频率范围填入表 5-1-1。

表 5-1-1　测试数据记录表

测 试 参 数	R_{W1}调至最小	R_{W1}调至中间	R_{W1}调至最大
F/Hz			
幅度 $V_{\mathrm{opp}}/\mathrm{V}$			
波形			

（3）修改图 5-1-8 中的元件参数，即将 R_{W1}、C 串联电路中的 C 改为 $3.3\mathrm{nF}$，将 R_{W1}、C

并联电路中 R_{W1} 改为 $33k\Omega$ 的固定电阻，C 改为 $33\mu F$，调节 R_{W2} 使电路有振荡波形输出，用示波器观察 R、C 不等时正弦波振荡的输出波形，测量输出波形的频率和峰峰值填入表 5-1-2。

表 5-1-2　元件参数变动后的数据表

测 试 参 数	R_{W1} 调至最小	R_{W1} 调至中间	R_{W1} 调至最大
f/Hz			
幅度 V_{opp}/V			
波形			

注意：在调节 R_{W1} 改变输出波形频率时，电路若不起振，则需重新调节 R_{W2} 使电路有振荡波形输出。

思考：此电路的功能是什么？是如何实现的？

任务 3　LC 正弦波振荡电路分析与测试

RC 主要用于低频振荡。要想产生更高频率的正弦信号，一般采用 LC 正弦波振荡电路。

LC 正弦波振荡电路是由放大电路、LC 选频回路和反馈电路三部分组成的。LC 振荡器可分为变压器耦合振荡器和三点式振荡器两大类。下面主要讨论三点式振荡器。三点式振荡器分电容三点式和电感三点式两种。它们的共同特点都是从 LC 振荡回路中引出三个端点分别和晶体管的三个电极相连接。

知识 1　电感三点式振荡器

由于 L_1、L_2 引出三个连接端，分别和三极管的三个管脚相连（在交流通路中 2 端可以看作和发射极相连），故称为电感三点式振荡器。反馈到放大电路输入端的电压是 L_1 上的电压。其振荡电路如图 5-1-9 所示。

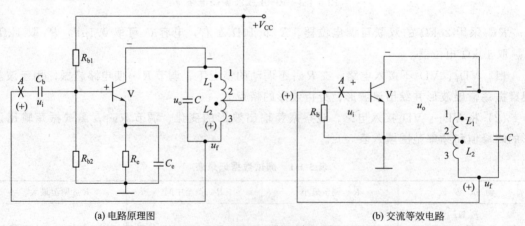

(a) 电路原理图　　　　　　　　　　　　(b) 交流等效电路

图 5-1-9　电感三点式振荡电路

1. 用瞬时极性法判别此电路是否可以起振

判断是否满足相位条件——正反馈。

方法：断开反馈到放大器的输入端点，假设在输入端加入一正极性的信号，用瞬时极性法判定反馈信号的极性。若反馈信号与输入信号同相，则满足相位条件；否则不满足。电路如图 5-1-10 所示。

2. 振荡频率

振荡频率取决于 LC 并联谐振回路的谐振频率。

$$f_0 = \frac{1}{2\pi\sqrt{LC}} = \frac{1}{2\pi\sqrt{(L_1 + L_2 + 2M)C}}$$

3. 优缺点

电感三点式振荡电路的优点是起振容易，因为 L_1、L_2 之间耦合很紧，正反馈较强的缘故。此外，改变回路电容可调节振荡信号频率。由于反馈信号取自电感 L_2 两端，对高次谐波呈现高阻抗，故不能抑制高次谐波的反馈，因此振荡电路输出信号中的高次谐波较多，信号波形较差。

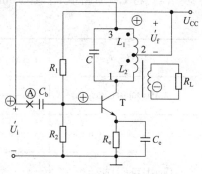

图 5-1-10　瞬时极性法电路

任务实施

做一做　电感三点式振荡电路

电感三点式振荡电路如图 5-1-11 所示。

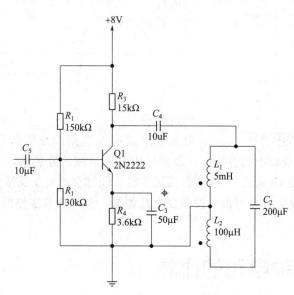

图 5-1-11　电感三点式振荡电路

（1）通过示波器观察正弦波产生和稳定过程。测量输入端 U_i 和输出端 U_o 稳定时的峰值电压和相位差，计算放大器的增益，并与理论值进行比较，填入表 5-1-3；

（2）通过频谱仪观察振荡回路的频谱，并测量谐振频率 f_0，与理论值进行比较，填入

表 5-1-3;

(3) 将 LC 回路中 C_2 改为 100nF, 重复步骤 (1) 和 (2);

(4) 将 LC 回路中 L_1 改为 2mH, 重复步骤 (1) 和 (2)。

表 5-1-3　测试数据记录表

(L_1, L_2, C_2)	$\dot{U}_\text{o}$/V	$\dot{U}_\text{i}$/mV	增益 A		相位差	谐振频率 f_0	
			测量值	理论值		测量值/kHz	理论值/kHz
$(5\text{mH}, 100\mu\text{H}, 200\mu\text{F})$							
$(5\text{mH}, 100\mu\text{H}, 100\text{nF})$							
$(5\text{mH}, 100\mu\text{H}, 100\text{nF})$							

思考: (1) 电容值 C_2 改变对谐振频率有何影响?

(2) 电感值 L_1 改变对放大器的电压增益和振荡频率有何影响?

(3) 影响电感三点式振荡频率的主要因素是什么?

知识 2　电容三点式振荡电路

电容器的三个端子分别与 T 的三个电极相连接, 故称之为电容三点式振荡电路。其电路如图 5-1-12 所示。

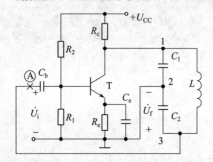

图 5-1-12　电容三点式振荡电路

(1) 用瞬时极性法根据相位条件判断是否起振 (学生自主完成)。

(2) 振荡频率

$$f_0 \approx \frac{1}{2\pi\sqrt{LC}} = \frac{1}{2\pi\sqrt{L \cdot \cfrac{1}{\cfrac{1}{C_1} + \cfrac{1}{C_2}}}}$$

(3) 优缺点

电容三点式振荡电路的反馈信号取自电容 C_2 两端, 因为 C_2 对高次谐波呈现较小的容抗, 反馈信号中高次谐波的分量小, 故振荡电路的输出信号波形较好。但当改变 C_1 或 C_2 来调节振荡频率时, 同时会改变正反馈量的大小, 因而会使输出信号幅度发生变化, 甚至可能会使振荡电路停振。所以调节这种振荡电路的振荡频率很不方便。

知识 3　两种电路的比较

电感三点式振荡器: 反馈系数的改变可通过改变线圈抽头位置实现, 但振荡频率比较低, 产生振荡波形不如电容三点式振荡器。

电容三点式振荡器: 反馈系数改变必须改变 C_1 与 C_2 的比值, 振荡频率较高, 振荡波形较好, 线路简单, 易起振。其频率调节范围一般比电感三点式频率调节范围小。

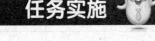

任务实施

做一做 电容三点式振荡电路

电容三点式振荡电路如图 5-1-13 所示。

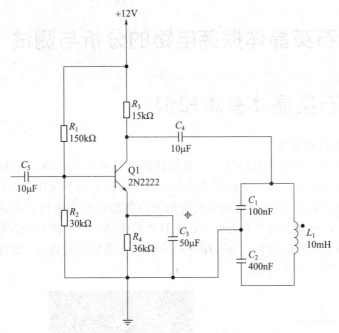

图 5-1-13 电容三点式振荡电路

(1) 通过示波器观察正弦波产生和稳定过程。测量输入端 U_i 和输出端 U_o 稳定时的峰值电压和相位差，计算放大器的增益，并与理论值进行比较，填入表 5-1-4；

(2) 通过频谱仪观察振荡回路的频谱，并测量谐振频率 f_0，与理论值进行比较，填入表 5-1-4；

(3) 将 LC 回路中 L_1 改为 5mH，重复步骤 (1) 和 (2)；

(4) 将 LC 回路中 C_2 改为 1000nF，重复步骤 (1) 和 (2)。

表 5-1-4 测试数据记录表

(C_1, C_2, L_1)	$\dot{U}_o/\text{V}$	$\dot{U}_i/\text{mV}$	增益 A		相位差	谐振频率 f_0	
			测量值	理论值		测量值/kHz	理论值/kHz
(100nF,400nF,10mH)							
(100nF,400nF,5mH)							

147

项目五 简易信号发生器电路的制作与测试

(C_1, C_2, L_1)	$\dot{U}_o$/V	$\dot{U}_i$/mV	增益 A		相位差	谐振频率 f_0	
			测量值	理论值		测量值/kHz	理论值/kHz
(100nF,1000nF,5mH)							

思考：（1）电感值 L_1 改变对谐振频率有何影响？

（2）电容值 C_2 改变对放大器的电压增益和振荡频率有何影响？

（3）影响电容三点式振荡频率的主要因素是什么？

任务 4　石英晶体振荡电路的分析与测试

知识 1　石英晶体基本知识

1. 石英晶体结构和符号

石英晶体谐振器是利用石英晶体（二氧化硅的结晶体）的压电效应制成的一种谐振器件，它的基本构成大致是：从一块石英晶体上按一定方位角切下薄片（简称为晶片，它可以是正方形、矩形或圆形等），在它的两个对应面上涂敷银层作为电极，在每个电极上各焊一根引线接到管脚上，再加上封装外壳就构成了石英晶体谐振器，简称为石英晶体或晶体、晶振。其产品一般用金属外壳封装，也有用玻璃壳、陶瓷或塑胶封装的。其结构和符号、实物分别如图 5-1-14、图 5-1-15 所示。

图 5-1-14　石英晶体结构和符号　　　　图 5-1-15　石英晶体实物图

2. 石英晶体压电效应

若在石英晶体的两个电极上加一电场，晶片就会产生机械变形。反之，若在晶片的两侧施加机械压力，则在晶片相应的方向上将产生电场，这种物理现象称为压电效应。如果在晶片的两极上加交变电压，晶片就会产生机械振动，同时晶片的机械振动又会产生交变电场。在一般情况下，晶片机械振动的振幅和交变电场的振幅非常微小，但当外加交变电压的频率为某一特定值时，振幅明显加大，比其他频率下的振幅大得多，这种现象称为压电谐振，它与 LC 回路的谐振现象十分相似。它的谐振频率与晶片的切割方式、几何形状、尺寸等有关。其压电效应如图 5-1-16 所示。

形变　　　　形变　　　　机械振动　　　　　　外力

图 5-1-16　石英晶体压电效应

3. 石英晶体等效电路

石英晶体的等效电路如图 5-1-17 所示。当晶体不振动时，可把它看成一个平板电容器称为静电电容 C_0，它的大小与晶片的几何尺寸、电极面积有关，一般约几个 pF 到几十 pF。当晶体振荡时，机械振动的惯性可用电感 L_q 来等效。一般 L_q 的值为几十 mH 到几百 mH。晶片的弹性可用电容 C_q 来等效，C_q 的值很小，一般只有 0.0002～0.1pF。晶片振动时因摩擦而造成的损耗用 r_q 来等效，它的数值约为 100Ω。由于晶片的等效电感很大，而 C_q 很小，r_q 也小，因此回路的品质因数 Q 很大，可达 1000～10000。加上晶片本身的谐振频率基本上只与晶片的切割方式、几何形状、尺寸有关，而且可以做得精确，因此利用石英谐振器组成的振荡电路可获得很高的频率稳定性。

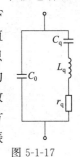

图 5-1-17
石英晶体
等效电路

4. 石英晶体谐振频率

从石英晶体谐振器的等效电路可知，它有两个谐振频率，即

① 当 L、C、R 支路发生串联谐振时，它的等效阻抗最小（等于 R）。串联谐振频率用 f_s 表示，石英晶体对于串联谐振频率 f_s 呈纯阻性

$$f_s = \frac{1}{2\pi\sqrt{LC}}$$

② 当频率高于 f_s 时 L、C、R 支路呈感性，可与电容 C 发生并联谐振，其并联频率用 f_p 表示

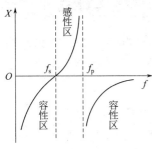

图 5-1-18　频率特性曲线

$$f_p = \frac{1}{2\pi\sqrt{L\dfrac{CC_0}{C+C_0}}} = f_s\sqrt{1+\frac{C}{C_0}}$$

由于 C_g 接近 C_0，所以两个频率非常接近。根据石英晶体的等效电路，可定性画出它的频率特性曲线图所示。可见当频率低于串联谐振频率 f_s 或者频率高于并联谐振频率 f_p 时，石英晶体呈电容性。仅在 $f_s < f < f_p$ 极窄的范围内，石英晶体呈电感性。其频率特性曲线如图 5-1-18 所示。

知识 2　石英晶体应用电路

1. 并联型石英晶体正弦波振荡电路

如果用石英晶体取代 LC 振荡电路中的电感，就得到并联型石英晶体正弦波振荡电路，如图 5-1-19（a）所示，电路的振荡频率等于石英晶体的并联谐振频率。

2. 串联型石英晶体振荡电路

如图 5-1-19（b）所示为串联型石英晶体振荡电路。电容 C_b 为旁路电容，对交流信号可视为短路。电路的第一级为共基放大电路，第二级为共集放大电路。若断开反馈，给放大电路加输入电压是，极性上"＋"下"－"；则 T_1 管集电极动态电位为"＋"，T_2 管的发射极动态电位也为"＋"。只有在石英晶体呈纯阻性，即产生串联谐振时，反馈电压才与输入电压同相，电路才满足正弦波振荡的相位平衡条件。所以电路的振荡频率为石英晶体的串联谐振频率 f_s。调整 R_f 的阻值，使电路满足正弦波振荡的幅值平衡条件。

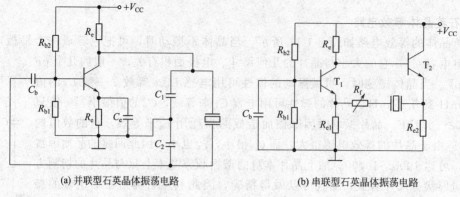

(a) 并联型石英晶体振荡电路　　　　　　　(b) 串联型石英晶体振荡电路

图 5-1-19　串并联型石英晶体振荡电路

任务实施

做一做　石英晶体振荡电路

图 5-1-20 为石英晶体振荡器。R_P、R_1、R_2、R_E 为直流静态偏置电路，C_1、C_2 为旁路电容，L_2、C_6、C_7 为滤波电路，L_1 为高频扼流圈，C_5 为滤波电容，石英晶体 EX 与电容 C_3、C_4、C_T 构成谐振电路。L 在电路中作为电感使用，R_L 为负载。

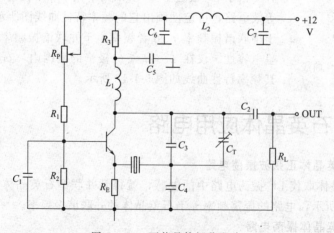

图 5-1-20　石英晶体振荡电路

按图 5-1-20 连接电路，取 $U_{EQ}=3V$，改变 R_L，完成表 5-1-5 的测量。

$R_L/\text{k}\Omega$	1	10	110
f_0/MHz			
U_op-p/V			

表 5-1-5　测试数据记录表

思考：如何使石英晶体振荡器工作在晶体的串联谐振频率上？

模块 2　非正弦信号发生电路的分析与测试

任务 1　方波信号发生器的分析与测试

1. 电路组成

由滞回比较器和 RC 充放电回路两部分组成，电路如图 5-2-1 所示。图中 V 是双向稳压管，起限制输出电压幅值的作用，R_3 是 V 的限流电阻。RC 回路既作为延迟环节，又作为反馈网络，通过 RC 充、放电实现输出状态的自动转换。

2. 电路工作原理

设某一时刻输出电压 $+U_z$，此时滞回电压比较器的门限电压为 U_{TH2}。输出信号通过 R_6 对电容 C 正向充电。当该电压上升到 U_{TH2} 时，电路的输出电压变为 $-U_z$，门限电压也随之变为 U_{TH1}，电容 C 经电阻 R_6 放电。当该电压下降到 U_{TH1} 时输出电压又回到 $+U_z$，电容又开始正向充电。上述过程周而复始，便在输出端得到方波电压，

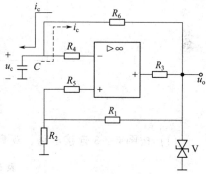

图 5-2-1　方波发生电路

而电容两端则得到三角波电压，电路产生了自激振荡。其波形电路如图 5-2-2 所示。

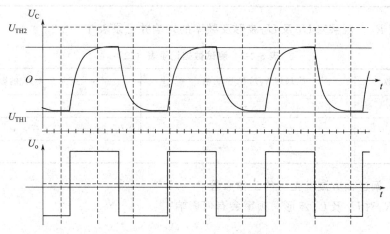

图 5-2-2　方波发生电路波形图

做一做　方波发生器的产生

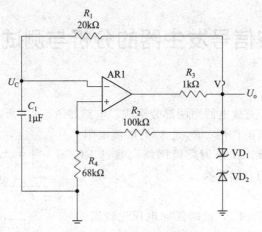

图 5-2-3　方波发生器电路

(1) 按图 5-2-3 连接电路，观察 U_C 及 U_o 的波形，测其幅值、频率并记录在表 5-2-1。

表 5-2-1　测试数据记录表（一）

测 试 参 数	U_C	U_o
波形		
幅值		
频率		

(2) 改变 R_2，观察对 U_C 及 U_o 波形及频率的影响并记录表在 5-2-2。

表 5-2-2　测试数据记录表（二）

测 试 参 数	增加 R_2 对 U_C 的影响	减少 R_2 对 U_o 的影响
波形		
幅值		
频率		

思考：1. 阐述该方波发生器的工作原理。

2. 改变 R_4 对 U_C 及 U_o 波形、频率会有何影响？

任务 2　三角波信号发生器的分析与测试

1. 电路组成

如图 5-2-4 为一个三角波发生电路。图中集成运放 A1 组成滞回比较器，A2 组成积分电路。滞回比较器输出的矩形波加在积分电路的反向输入端，而积分电路输出的三角波又接到滞回比较器的同相输入端，控制滞回比较器输出端的状态发生跳变，从而在 A2 的输出端得到周期性三角波。

2. 电路工作原理

假设 $t=0$ 时滞回比较器输出端为高电平，即 $u_{o1}=+U_z$，而且假设积分电容上初始电压为零。由于 A1 同相输入端的电压 u_+ 同时与 u_{o1} 和 u_o 有关，根据叠加原理，可得：

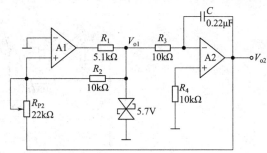

图 5-2-4　三角波发生电路

$$u_+ = \frac{R}{R_1+R_2}u_{o1} + \frac{R_2}{R_1+R_2}$$

则此时 u_+ 也为高电平。但当 $u_{o1}=+U_z$ 时，积分电路的输出电压 u_o 将随着时间往负方向线性增长，u_+ 随之减小，当减小至 $u_+=u_-=0$ 时，滞回比较器的输出端将发生跳变，使 $u_{o1}=-U_z$，同时 u_+ 将跳变成一个负值。以后，积分电路的输出电压将随着时间往正方向线性增长，u_+ 也随之增大，当增大至 $u_+=u_-=0$ 时，滞回比较器的输出端再次发生跳变，使 $u_{o1}=+U_z$，同时 u_+ 也将跳变成一个正值。然后重复以上过程，于是可得滞回比较器的输出电压 u_{o1} 为矩形波，而积分电路的输出电压 u_o 为三角波。其波形电路如图 5-2-5 所示。

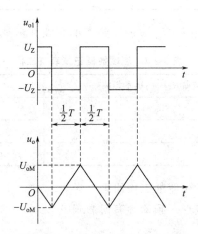

图 5-2-5　三角波发生电路波形图

153

项目五　简易信号发生器电路的制作与测试

做一做　三角波发生电路

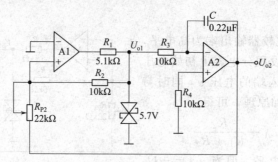

图 5-2-6　三角波发生电路

（1）按图 5-2-6 连接电路，观察 U_{o1} 及 U_{o2} 的波形，测其幅值、频率并记录在表 5-2-3；

表 5-2-3　测试数据记录表（一）

测试参数	U_{o1}	U_{o2}
波形		
幅值		
频率		

（2）改变 R_{P2}，观察对 U_{o1} 及 U_{o2} 波形及频率的影响并记录在表 5-2-4。

表 5-2-4　测试数据记录表（二）

测试参数	增加 R_{P2} 对 U_{o1} 的影响	减少 R_{P2} 对 U_{o2} 的影响
波形		
幅值		
频率		

思考：1. 阐述该三角波发生器的工作原理。

2. 改变 R_{P2} 对 U_c 及 U_o 波形、频率会有何影响？

模块 3　简易信号发生器电路的制作与调试

1. 简易信号发生器电路

如图 5-3-1 所示，该电路主要由 RC 正弦波振荡器、方波信号发生器、三角波信号发生

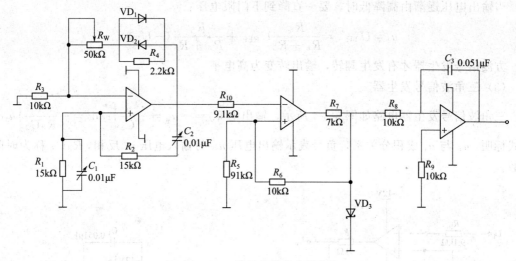

图 5-3-1　简易信号发生器电路

器三部分组成，具体分析如下：

（1）RC 正弦波振荡器

RC 桥式振荡电路如图 5-3-2 所示，其中 R_1、C_1 和 R_2、C_2 为串并联选频网络，接于运
算放大器的输出与同相输入端之间，构成正反馈，
以产生正弦自激振荡。由 RC 串并联网络的选频特性
可知，在 $\omega = \omega_0 = 1/RC$ 或 $f = f_0 = 1/2\pi RC$ 时，RC
选频网络的相角为 0，而同相比例运算放大电路的相
位差为 0，从而满足振荡的相位条件。R_3、R_W 及 R_4
构成负反馈网络，调节 R_W 可改变负反馈的反馈系
数，从而调节放大电路的电压增益，使电压增益满
足振荡的幅度条件。

图中的两个二极管 VD_1、VD_2 是稳幅元件，当
输出电压的幅度较小时，R_4 两端的电压低，二极管
VD_1、VD_2 截止，负反馈系数由 R_3、R_W、R_4 决定。
当输出电压的幅度增加到一定程度时，二极管 VD_1、

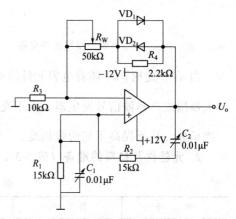

图 5-3-2　RC 正弦波振荡器电路

VD_2 在正负半周轮流工作，其动态电阻与 R_4 并联，使负反馈系数加大，电压增益下降。输
出电压的幅度越大，二极管的动态电阻越小，电压增益也越小，输出电压的幅度基本保持
不变。

（2）方波信号发生器

方波信号发生器电路如图 5-3-3 所示，其输入信号 u_i 加在运算放大器的反相输入端，同
相输入端接入参考电压 U_{REF}，在输出端与同相输入端接入正反馈电阻 R_6，在输出回路还接
有起限幅作用的双向稳压二极管 VD_3，使输出电压钳制在 $-U_Z \sim +U_Z$ 之间。

在电路中，引入电压的增加，当 u_i 很低时，运放 A2 输出电压的增加，当 u_i 达到上门限
电压 U_{TH+} 时：

$$u_i = U_{TH+} = \frac{R_6}{R_6 + R_5} U_{REF} + \frac{R_5}{R_6 + R_5} U_Z$$

方波信号发生器发生翻转，输出低电平。此时输出电压：$u_o = -U_Z$

当输出电压逐渐由高降低时，要一直降到下门限电压：

$$u_{i}=U_{TH-}=\frac{R_6}{R_6+R_5}U_{REF}+\frac{R_5}{R_6+R_5}(-U_Z)$$

方波信号发生器才有发生翻转，输出转变为高电平。

（3）三角波信号发生器

三角波信号发生器电路如图 5-3-4 所示，输出电 $u_{o}=-u_{c}=-\frac{1}{C_3}\int i_F\mathrm{d}t=-\frac{1}{R_8C_3}\int u_i\mathrm{d}t$

上式标明，u_o 与 u_i 成积分关系，负号表示输出电压 u_o 与输入电压 u_i 反相，R_8C_3 称为时间常数。

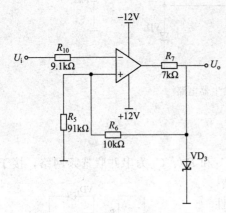
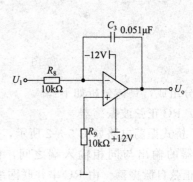

图 5-3-3　方波信号发生器电路　　　　　图 5-3-4　三角波信号发生器电路

当 u_i 一定时，u_o 随着电容元件的充电按指数规律增长，其线性度较差。采用集成运算放大器组成三角波信号发生器，由于充电电流量是恒定的，$i_f\approx i_1\approx\dfrac{u_i}{R_1}$，故 u_o 是时间 t 的一次函数，从而提高了它的线性度。

2. 元器件及材料的准备（表 5-3-1）

表 5-3-1　元器件清单

序　号	符　号	名　称	规格型号	数　量
1	A1,A2,A3	运放	uA741	3
2	R_5	电阻	91kΩ	1
3	R_1,R_2	电阻	15kΩ	2
4	R_3,R_6,R_8,R_9	电阻	10kΩ	4
5	R_{10}	电阻	9.1kΩ	1
6	R_7	电阻	7kΩ	1
7	R_4	电阻	2.2kΩ	1
8	R_W	蓝白电位器	50kΩ	1
9	C_1,C_2	可调电容	0.01μF	2
10	C_3	电容	0.051μF	1
11	VD_1,VD_2	二极管	1N4148	2
12	VD_3	稳压二极管	5.6V 1N4733	1

3. 电路的安装与调试

（1）不通电检查

电路安装完毕后，对照电路原理图和连线图，认真检查线路是否正确。再用万用表测量运放各引脚对地之间的电阻，填入表 5-3-2 中。

表 5-3-2　不通电检查

引脚编号	1	2	3	4	5	6	7	8
理论值								
测量值								

（2）通电观察

电路接入 +12V 直流电源。电路接通之后观察有无异常现象，包括有无冒烟，是否闻到异常气味，手摸元件是否发烫，电源是否有短路现象等。如果出现异常，应立即关闭电源，待排除故障后方可重新通电。

（3）静态调试

输出端接上示波器，调节 R_W 使振荡器不起振，用万用表测量运放各引脚的直流电位填入表 5-3-3，并与理论值进行比较分析。

表 5-3-3　静态调试

引脚编号	1	2	3	4	5	6	7	8
理论值								
测量值								

（4）动态调试

① 输出端接上示波器，调节 R_{P1} 使振荡器起振并产生稳定输出的正弦波。

② 观察正弦波振荡器输出信号的波形、频率、幅值。

③ 观察电压比较器输出信号的波形、频率、幅值。

④ 观察积分电路输出信号的波形、频率、幅值。并同时与输入的正弦波相比较，比较三者的相位关系，并记录让输出信号发生翻转的门限电压于表 5-3-4 中。绘制三者波形。

表 5-3-4　门限电压

测试项目	上门限	下门限
测试值		
理论值		

⑤ 测试与记录正弦波振荡电路运放 u_+、u_-、u_o 端的交流信号有效值，记于表 5-3-5。

表 5-3-5　交流信号有效值

测试项目	u_+	u_-	u_o	$F = \dfrac{u_+}{u_o}$	$A_{uf} = \dfrac{u_o}{u_-}$
测试值					
理论值					

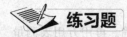

5.1 判断题 5.1 图 (a)、(b) 所示电路能否产生自激振荡。

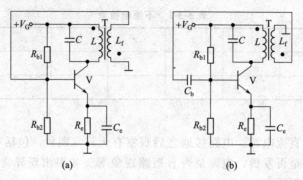

题 5.1 图

5.2 在题 5.2 图所示的电路中:

(1) 为保证电路正常的工作,节点 K、J、L、M 应该如何连接?

(2) R_2 应该选多大才能振荡?

(3) 振荡的频率是多少?

(4) R_2 使用热敏电阻时,应该具有何种温度系数?

5.3 用相位平衡条件判断题 5.3 图所示电路能否产生正弦波振荡,并简述理由。

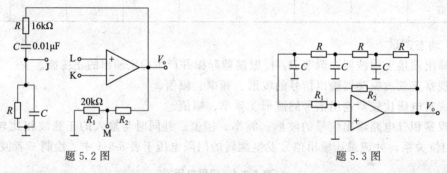

题 5.2 图   题 5.3 图

5.4 电路如题 5.4 图所示,图中 C_b 为旁路电容,C_1 为耦合电容,对交流信号均可视为短路。为使电路可能产生正弦波振荡,试说明变压器原边线圈和副边线圈的同名端。

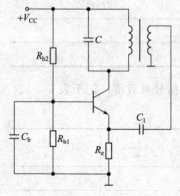

题 5.4 图

5.5 如题 5.5 图所示是收音机中常用的振荡器电路。

(1) 说明三只电容 C_1、C_2、C_3 在电路中分别起什么作用?

(2) 指出该振荡器所属的类型,标出振荡器线圈原、副方绕组的同名端。

(3) 已知 $C_3 = 100\text{pF}$,若要使振荡频率为 700kHz,谐振回路的电感 L 应为多大?

5.6 改正如题 5.6 图所示电路中的错误,使之有可能产生正弦波振荡。要求不能改变放大电路的基本接法。

实用模拟电子技术分析与应用

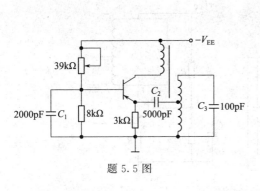

题 5.5 图

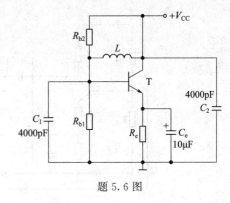

题 5.6 图

5.7 判断题 5.7 图所示电路是否可能产生正弦波振荡，若不能，请予修改，并说明属于哪一类振荡电路。

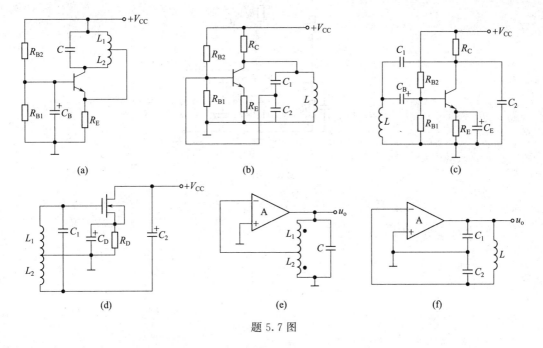

题 5.7 图

5.8 三点式振荡器电路如题 5.8 图所示。求：

（1）画出交流等效电路；

（2）若振荡频率 $f_o = 500\text{kHz}$，则 $L = ?$

（3）求反馈系数 $K_f = ?$

（4）C_3 和 C_4 是否可以省去一个？

（5）若将 C_5 短路或开路，对电路工作产生什么影响？为什么？

5.9 分析题 5.9 图所示振荡电路能否产生振荡，若能产生振荡，石英晶体处于何种状态？

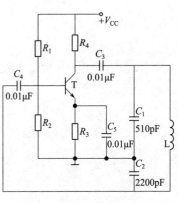

题 5.8 图

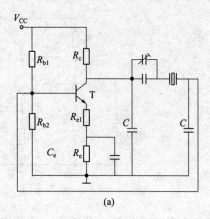

(a)

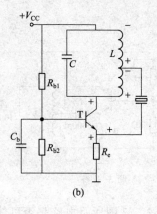

(b)

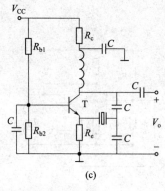

(c)

题 5.9 图

实用模拟电子技术分析与应用

参 考 文 献

[1] 胡宴如. 模拟电子技术. 第 2 版. 北京：高等教育出版社，2009.

[2] 罗国强. 实用模拟电子技术项目教程. 北京：科学出版社，2009.

[3] 童诗白. 模拟电子技术基础. 第 4 版. 北京：高等教育出版社，1980.

[4] 华永平. 模拟电子技术与应用. 北京：电子工业出版社，2010.

[5] 胡斌. 图表细说电子工程师速成手册. 第 2 版. 北京：电子工业出版社，2011.

[6] 胡斌. 图表细说元器件及应用电路. 第 2 版. 北京：电子工业出版社，2011.

[7] 康华光. 电子技术基础-模拟部分. 第 5 版. 北京：高等教育出版社，2006.

[8] 王锋等. 电工电子技术及应用项目化教程. 天津：南开大学出版社，2010.